浙江树人学院专著出版基金资助出版

教育建筑设计
方法与案例

孙 宏 来 敏／著

中国建筑工业出版社

图书在版编目（CIP）数据

教育建筑设计方法与案例 / 孙宏，来敏著. -- 北京：
中国建筑工业出版社，2024.7. -- ISBN 978-7-112
-29982-9

Ⅰ. TU244

中国国家版本馆 CIP 数据核字第 20241BL630 号

全书共分为 5 章。第 1 章聚焦于全龄段教育这一概念，通过系统梳理和比对个体成长不同阶段的发展特征、教育方式及教育空间，深刻揭示了全龄段个体成长及相匹配的教育空间的本质；第 2～4 章分别从总体布局、平面设计、造型设计三个方面对全龄段教育建筑设计方法论进行分解、探讨；第 5 章通过深度剖析作者从业十余年来实际设计主持过的工程案例，从而对前述的设计理论步骤和方法进行了相应的验证。

本书可供相关设计行业从业者和教育工作者参考使用。

责任编辑：刘婷婷

责任校对：李美娜

教育建筑设计方法与案例

孙　宏　来　敏　著

*

中国建筑工业出版社出版、发行（北京海淀三里河路 9 号）

各地新华书店、建筑书店经销

国排高科（北京）信息技术有限公司制版

建工社（河北）印刷有限公司印刷

*

开本：787 毫米 × 1092 毫米　1/16　印张：12½　字数：242 千字

2024 年 8 月第一版　2024 年 8 月第一次印刷

定价：**56.00** 元

ISBN 978-7-112-29982-9

（43102）

FOREWORD 前言

在当今社会，教育越来越受到重视。全龄段教育是指针对不同年龄阶段的学生，提供充分符合其发展特征的高品质教育服务，基本涵盖了从幼儿园、中小学到高等院校等各个阶段的教育活动。相应地，全龄段教育建筑设计成为横跨教育及设计领域的一个重要议题，因为它关乎每个学生能否拥有良好的学习环境、接受高水平的教育，并适应未来社会的需求和挑战。

与市面上现有的教育建筑设计指导类书籍相比，本书具有如下特点。

首先，现有的著作大多聚焦于某一类或者某一阶段的教育建筑，鲜有针对全龄段教育建筑设计的讨论。为弥补此研究空白，本书首次聚焦于全龄段教育这一概念，通过对个体成长不同阶段的发展特征、教育方式及教育空间进行系统的梳理和比对，进而深刻揭示全龄段个体成长及相匹配的教育空间的本质。相应地，通过全龄段教育建筑设计纵向的对比研究，能够帮助读者充分了解教育建筑设计的本质，即优秀的教育建筑空间设计应当充分服务于空间使用的主体，也就是强调学生的重要性。

其次，与纯理论研究类或纯案例介绍类的教育建筑设计书籍相比，本书更强调理论与实践的紧密结合。在理论层面，本书第 1 章以教育主体—教育模式—教育空间为基本分析脉络，以幼儿、中小学及高等教育为全学龄的阶段划分，对新中国成立以来我国教育领域对教育活动主体发展的认知、教育方式的变化以及教育空间设计理念、方法的演变进行了详细的梳理。从教育活动的主体，即学生的发展路径来看，虽然在不同的阶段有不同的特点，但每个人成长过程中始终具有独立性、独特性、创造性及社会性四种属性，学生个体不断成长的过程就是这四种属性不断迈向成熟的过程。从教育理念来看，“以学生为本”已经成为全龄段教育理念的共识。从教育方式来看，我国在各个阶段的教育模式都由单纯的由教师主导、以传授知识和完成任务为主的“应试教育”，逐步转变为以学生自身个性化诉求为基础，以培养全面发展的、具有创新精神和实践能力的、能够适应现代社会的需要和挑战的人才为主要任务的“素质教育”。相应地，全龄段教育建筑的设计理念也从以服务教师对学生的管理为主导，转变为以服务学生为主导。在充分的理论分析基础上，本书后半部分通过翔实的设计案例解析，详细阐述了“以学生为本”这一设计理念如何在全龄段教育建筑设计中得到应用。书中精心选取的设计案例具有规划弹性可变、功能多样混合、风格独特可辨、环境绿色生态、设施共享智能等共性特征，在不同的层面上满足了学生个性化体验、自由交流、自主学习的诉求，更好地匹配当代素质教育理念及教育方式，同时代表着未来教育类空间设计发展的趋势。通过理论与实践的紧密结合，能够更好地帮助读者建立先进的设计价值观及方法论，为创作优秀的全龄段教育建筑作品服务。

最后，本书从对教育本质的探讨出发，落足于对教育空间设计理念及方法的探讨，整体分析环环相扣，逻辑严谨缜密。笔者从毕业至今一直从事一线教育及设计工作，有着丰富的教育建筑实际工程设计经验，因此能够横跨教育及设计两个领域，以教育工作者及建筑师的双重身份和视角重新审视全龄段教育以及与之相关的教育建筑设计。本书第2～4章分别从总体布局、平面设计、造型设计三个方面对全龄段教育建筑设计方法论进行分解、探讨；第5章通过深度剖析笔者从业十余年来实际设计主持过的工程案例，从而对前述的设计理论步骤和方法进行了相应的验证。本书的内容安排符合设计学逻辑，有助于读者更加直观地感受设计的逻辑思考过程，更快地领悟相关的设计方法论。

总之，不同于其他类型的建筑设计，全龄段教育建筑设计是一项复杂而重要的任务，设计时需要考虑到教育活动的特殊性和不同阶段学生群体的特点。这就要求设计师在充分理解不同阶段学生的发展特征及核心诉求的基础上，综合考虑先进的教育理念、教学需求和功能需求，并结合设计专业的相关知识和逻辑，最终创造出符合学生发展特征的、实用且具有启发性的教育活动空间。鉴于该类建筑设计对设计师的要求较高，笔者在本书中结合近年来在教育领域理论研究及设计领域实践的心得，以图文并茂的形式构建了跨学科的知识框架，深入浅出地解析了当代全龄段教育活动主体特征、教育模式及其匹配的教育空间设计要点，以期为相关设计从业者在日后的设计工作中提供有益的参考和帮助。

本书系浙江树人学院学术专著系列。

CONTENTS 目录

第 1 章

受教育者特征、教育方式及教育空间设计

1.1 幼儿园阶段

人类的幼儿时期是个体成长最为重要的阶段之一，幼儿不同阶段成长的主要特点有以下几方面。

在学前初期，幼儿的生活环境从家庭扩大到幼儿园，开始和更多的同龄人及成人交往。伴随着社交范围的拓展，幼儿的认知能力、生活能力、人际交往能力得到相应的发展。这一阶段的幼儿的认知活动往往依靠行动，并且受外部事物及自己情绪的影响，且无意识性占优势。该阶段幼儿思维的特点是先做后想或者边做边想，注意力尚不稳定，容易受到外部事物的干扰，通常只有那些形象鲜明的、具体生动的事物才能更好地引起他们的注意。在人际交往中，该阶段幼儿一般具有较强的模仿性，往往通过模仿掌握并形成相应的生活经验。

在学前中期，随着幼儿生理上进一步成熟，特别是神经系统的进一步发展，幼儿体现出更加活泼好动的特征，能积极参加各种活动，集中精力从事活动的时间也有所延长。幼儿在认知活动中开始逐渐形成具象思维，即在日常生活中形成个体的、具象的生活经验。与此同时，幼儿的主体性和独立性得到一定发展，能够开始接受简单的任务，并自己组织游戏等活动。幼儿在游戏中逐渐和同龄人结成伙伴关系，随着与同龄人交往的比重增加，对成人的依恋逐渐减少。

在学前晚期，幼儿在认知上整体呈现更加好奇好问的特征，他们不再满足于依靠行动了解表面现象，开始表现出智力活动的积极性，追根问底，并表现出强烈的求知欲和认知兴趣。该阶段的幼儿往往喜欢探索、学习，他们学到一些知识或技巧后会感到满足。这一时期的幼儿开始能够进行简单的逻辑推理，做事也会先想后做，往往能够按照一定路线去做，情绪也不像以前那么容易变化。

从整体来看，3～6 岁的学前段幼儿从完全依赖成人逐渐向具有独立性和自主性的个体发展，行为上从无意识向有意识过渡，并且具有活泼好动、好奇好问、喜欢在玩耍及游戏中探索未知并建立与同龄人的社交关系等特征。从个体来看，该阶段的幼儿开始更多地展现独特的个性特征，由于幼儿能够逐渐进行自主的选择、思考、体验、探索和表达，即使是在相似的学习生活环境下（如幼儿园同一个班级），每个幼儿个体的发展也呈现出差异性和多样性。

在幼儿的教育模式上，我国大致经历了由基本的保育模式到保教结合，再到适应幼儿发展特征、促进幼儿全面发展的教育阶段的转变。20 世纪 80 年代是我国改革开放的转型时期，在此之前，我国的学前教育界主要是向苏联学习的“直接教学”和“分科教学”的集体主义教育模式[1]。在该阶段，教师是整个教学活动的主体。“小眼睛看老师，小手背背后，小脚不乱动”，这是该时期幼儿园中老师的常用语。为便于课堂管理，教师常常将幼儿视作“小大人”，要求他们上课时笔直安坐，尽量不发出声响，不做任何无关课堂教学的小动作。这种模式下，幼儿的行为举止受到较大限制，与幼儿活泼好动、爱玩爱闹的天性相违背，不利于幼儿的自主性和个性的发展。随着改革开放的不断深化，各种新的幼儿教育理念、教育方式不断得到探索和实践。成人社会对待幼儿群体的态度从“儿童作为需要帮助的对象”及“儿童作为成人经验的接受者”逐渐向“儿童作为成人的伙伴”转变[2]。相应地，幼儿教育也从以教师为主体逐渐过渡到以幼儿为主体，幼儿与教师具有相对更加平等的关系。在该转变过程中，幼儿的参与被认为是一种重要的经历，能够支持其更好地获得个体能力、认知能力和社交能力，并增强其自信心[2]。在此基础上，以幼儿兴趣为出发点，以游戏为主要载体的参与方式得到了大力提倡。一方面，兴趣是指认识或从事某种活动的积极心理倾向，这是一种把人与远离的东西连接起来的因素。赫尔巴特强调兴趣是积极主动的，教育只有通过兴趣才能达到其最高目的；热情、好奇心、敬畏心是幼儿拥有的最宝贵的学习财富[3]。另一方面，爱玩是孩子的天性，对于幼儿来说，游戏是幼儿最喜爱的基本活动。在游戏中增加幼儿的兴趣，采用游戏式教学法有助于孩子成为热情的参与者，而不是冷漠的旁观者或局外人[3]。游戏是学前儿童存在的一种形式，是他们生存的一种状态，也是他们特有的一种学习方式，因此，儿童的游戏时间和空间决不能遭受肢解和侵占[4]。在幼儿教育中找到幼儿学习与游戏的平衡点，减少被动式、机械式的认知训练，适当增加基于幼儿兴趣爱好的自由自主的游戏时间，有助于促进幼儿从游戏中进一步培养自己的兴趣爱好，进而自主自发地选择、发现和探索，并能够自由地思考、体验、质疑和认知世界。改变幼儿成长过程中无处不在的“他主”现状，把更多“玩”的权利还给幼儿的理念，在当代幼儿教育体系中已逐渐成为共识。

受不同的教育模式及理念的影响，我国幼儿园空间环境设计的模式在不同的时期也有所区别。在以保教为主的发展时期，为适应直接教学模式，幼儿园建筑空间普遍采用“串联模式”，即通过主要交通动线串联标准化的保教单元，这种模式适合分班式教学，强调班级之间的相对独立，避免教学过程中的相互干扰（图 1.1-1）。显然，这种模式是以教师对幼儿的管理更方便为出发点进行设计的，而作为幼教活动中真正的主体及使用者，幼儿日常的大部分活动被限定在较小的空间单元内，活动范围受限，并不利于其自由的成长和探索。此外，由于单元与单元之间相对独立，幼儿缺乏与更多同龄或不同龄小朋友之间交流的机会，不利于发展幼儿的自主交往能力。因此可以说，这种单一的、高度标准化的幼儿园空间环境设计模式与多元发展的幼儿教育理念存在矛盾。

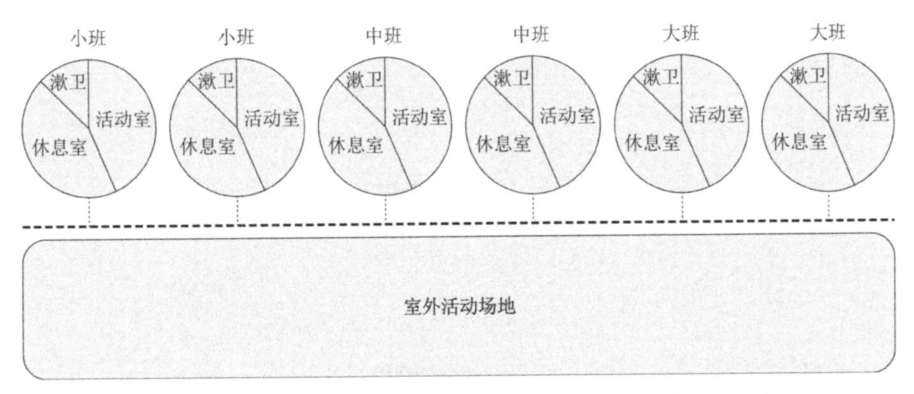

图 1.1-1 “串联模式”幼儿园建筑空间设计示意（作者自绘）

随着幼儿的教育方式从单纯的管与教，逐渐演变为引导、指导、陪伴及共同参与，教育理念上的革新对幼儿园建筑空间设计提出了新的要求，也引发了幼儿园建筑设计领域许多新的尝试。首先，随着学前教育内容的丰富、外延的拓展，除了常规的保教单元外，满足幼儿多样化兴趣需求的专用教室开始出现，主要包括多功能厅、科学发现室、图书阅览室、音乐室、美术室、积木建构室等。这些专用教学空间为幼儿园教师开展混班及混合教学提供了必要条件。如幼儿园中不同年龄、不同班级的幼儿可依据自己的兴趣爱好自主选择相应课程，并在专用教室内共同参与相关的学习及游戏活动。在混合教学模式下，原来班与班之间、年级与年级之间的界限被打破，不同年龄、不同发展阶段的幼儿一起进行游戏或者自由组队、相互协作完成任务，有利于培养幼儿的社交能力和合作意识；基于自身兴趣、自主选择的活动也有助于培养幼儿独立思考和解决问题的能力。其次，在部分幼儿园设计中，泾渭分明的标准教学单元之间的界限开始变得模糊。如上海嘉定新城幼儿园，通过增加标准教学单元之间的交通空间的面积，为幼儿提供了一个共享的、室内外过渡的灰空间。在这个灰空间内，不同班级、不同年龄的幼儿可以自由地嬉戏玩耍，也可以开展其他丰富多样的活动。这种空间组织模式强化了标准教学单元之间的联系，在一定程度上打破了同龄分班对幼儿与他人、与社会联系的不利影响，有助于幼儿在自由活动过程中接触到更多不同发展水平的同伴，并通过观察、模仿而习得新的知识和能力。最后，幼儿园建筑设计中开始重视小尺度的交往空间、看与被看的空间、角色扮演的空间以及亲近自然等空间的设计，旨在通过构建多层次的游戏空间，使幼儿能够快乐成长，在丰富的空间体验中刺激并锻炼其探索精神和感知世界的能力[5]。总体来看，与“串联模式”相比较，当代幼儿园建筑空间设计更强调空间的复合与联系，各个功能模块相互渗透，形成可分可合、灵活多变的“融合模式”(图 1.1-2)。该模式下的建筑空间能够更好地支持幼儿全方位发展，通过空间的丰富性及多样性激发幼儿兴趣，引导和促进幼儿自主学习，进而发展儿童创造力、社交等能力。

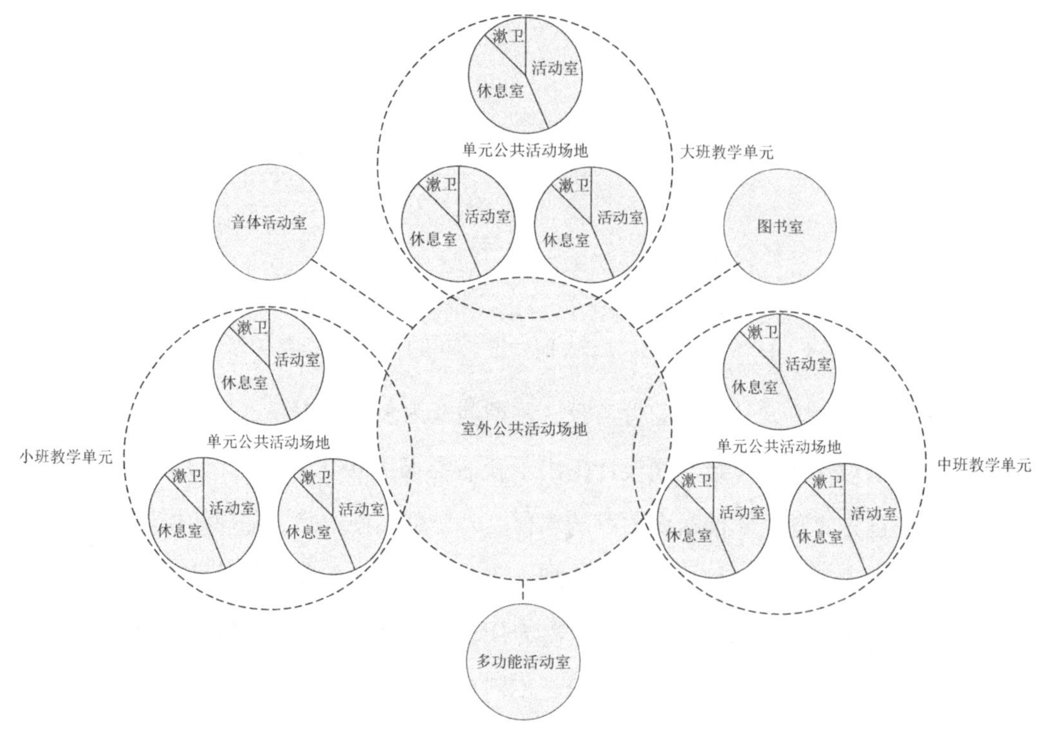

图 1.1-2 “融合模式”幼儿园建筑空间设计示意(作者自绘)

1.2 中小学阶段

与幼儿阶段相比较，进入中小学阶段的儿童在生理、心理、智力、体力等各方面均有了长足的发展。从生理发展上看，中小学生身体各器官和神经系统逐渐发育完善，对外界的适应能力和抵抗力相对较强。从认知能力上看，中小学生能够对事物进行更好的观察、理解、记忆和表达，能够初步掌握较为复杂的概念和知识，并进行较为深入的思考和分析。从语言能力上看，该阶段儿童能够更好地掌握语法和语汇，并进行较为复杂的口头和书面表达。从社会交往上看，幼儿主要通过游戏和玩具进行互动，社交圈子相对较小，而中小学生接触的人更多，互动及交流的模式也更为多样化，逐渐形成较为复杂的社交网络。从学习方式上看，中小学生也和幼儿有着明显的差异。幼儿的学习主要通过直观的感知和操作，如通过玩玩具、识图片等方式进行学习；中小学生的学习方式则更加注重抽象思维和理解，如通过阅读、协作等方式进行学习。整体而言，随着年龄的增长，中小学阶段的儿童的身体、心智不断得到发展，与幼儿阶段在各方面均具有一定的差异。但同时，个体从幼儿到中小学阶段的成长也具有较强的延续性。在《中小学素质教育与学生发展状况研究》中提到中小学生的心理活动具备独立性、独特性、创造性及社会性四个特征[6]，而这四个特征是每个个体在幼儿阶段就具备的。举例来说，对于独立性，幼儿从完全依赖家长的状态逐步过渡到学习自理，如学会自己穿衣、吃饭等技能，并开始有自己的思考，这些都是幼儿独立性的体现；中小学生的独立性则更多地表现在精神、学习以及生活的独立，而这些正是幼儿阶段独立性发展的延续。对于独特性，无论是幼儿还是中小学生，每一个人都作为独特的个体存在，都是不能被重复和再造的，每一个人的认识、情感以及意志都是完整的，他人不可替代。对于创造性，幼儿阶段在绘画时的涂鸦、在搭建积木时的构想，都可以被认为是最基础的创造活动；中小学生的创造性更多地体现在具体的学习活动中，能够提出富于创造性的观点，具有一定的解决问题的能力等。对于社会性，无论是幼儿还是中小学生，鉴于个体均处在社会环境中，每个人都持续接受社会影响，也会不断获得适应社会的能力。由此可见，个体在成长的不同阶段既具有差异性又具有延续性。

关于中小学生教育模式的发展，我国也大致经历了两个主要阶段。在 2000 年以前，我国的中小学教育以“应试教育”为主[7-8]。从 20 世纪 70 年代末开始，在党的领导下，我国实行改革开放政策，经济大力复兴，国家建设呼唤各方面人才，人民渴望教育振兴。但是，当时的教育与经济、政治、文化等各方面不相适应的问题比较突出，由于教育资源匮乏，高考升学率低，导致中小学校普遍存在“片面追求升学率”“千军万马挤独木桥”等现象。在这种情况下，中小学教育主要体现了以应对考试和进行选拔为基础的教育价值取向[8]。学校及老师更重视少数成绩好的学生，课堂上只教授考试的知识，忽视教育规律和学生身心发展规律；而学生在学习中往往死记硬背，疲于应对各种考试，对除知识学习外其他能力的培养基本无暇顾及，易造成片面发展。针对这些问题，社会各界发出了对中小学基础教育回归教育本身、纠正“应试教育”的呼声。1999 年 6 月，中共中央、国务院颁布《关于深化教育改革全面推进素质教育的决定》（简称《决定》），将实施素质教育提到了“全面贯彻党的教育方针”和“以提高国民素质为根本宗旨”的高度。该《决定》成为我国中小学教育发展的重要分水岭，自此之后，中小学教育逐渐从“应试教育”向“素质教育”转变。素质教育不同于以前的“填鸭式”教育，不再是传统意义上的单项知识教授与传输，而是从教与学两方面向多元化方向发展，体现在教育行为主体的多元化、教育方式的多元化和教育学科的多元化，让学生在自觉与不自觉中完成信息交换和相互学习[9]。素质教育的根本宗旨在于促进国民素质的提高，将学生实践能力与创新精神的培养作为重点，帮助学生成为德、智、体、美综合发展的建设者与接班人。素质教育注重学生在发展中的主动性，使学生学会求知、做人、健体、生活、审美以及创造，同时强调教育的开放性[10]。发展素质教育，就是要注重以学生的发展为本，因材施教，帮助他们找到适合自己的成长路径。也就是说，素质教育更加重视学生人文精神的养成和提高，重视学生人格的不断健全和完善，重视学生学会“做人”的教育理念[11-12]。正如习近平总书记所强调的，“素质教育是教育的核心，教育要注重以人为本、因材施教，注重学用相长、知行合一。”总的来看，素质教育以提高学生的全面素质为宗旨，着眼于学生的发展，既承认发展的多样性，倡导学生的个性化发展，又认为发展的动力是内在的，应重视学习的情境性以及发展的主体性，注重对学生潜能的开发。

随着我国中小学教育方式逐渐从“应试教育”转向“素质教育”，越来越重视“以学生为中心”的教学理念，鼓励学生用更加积极、交流、开放的学习方法认知事物与学习知识，中小学校的建筑空间设计模式也相应地发生了变化。在“应试教育”模式主导下，中小学校教学以知识灌输为主，该时期的中小学校设计常采用将基本的教学单元在水平或垂直空间内串联分布，并将教学、办公、活动及阅览等功能区域独立开来的设计手法，学校空间多存在区域划分单一、功能空间相互割裂的问题。与适应保教体系的“串联模式”幼儿园类似，这种中小学校空间设计仍然是以方便教学管理为出发点设计的，各功能空间的严重割裂不利于促进学生的个性化发展以及学生综合素质的全面提高。在“素质教育”理念的影响下，中小学校建筑空间设计领域也出现了许多新的探索和实践。例如，在南京外语学校方山分校空间设计中，设计师遵循“以学生为本”的理念，为学校的使用主体，即中小学生提供共享、体验、交流、和谐的空间环境，让他们主动参与到校园环境与建筑公共空间内进行多样性的学习，让多层次、体验式的空间引导学生产生学习兴趣，调动学生的学习积极性，从而助力学生素质的全面提高[13]。在规划层面，该学校合理布局不同的学部及组团（小学、初中、高中部），各个组团既相互独立，又围绕共享中心（图书行政中心、会议中心等）进行资源共享，形成多层次交流的开放的空间格局；通过教学单元的共享、可变与拓展等来营造适应素质教育理念的灵活可变的学习空间。在建筑单体层面，教学楼设计主要强调“可变性”“复合功能”的设计思维，为学生提供灵活、多变的学习空间以支持多种教学方法；通过可移动的家具组合，最大限度地给学生提供自由的学习空间。普通教室外布置了共享的扩展学习区与休闲交流区，且从每个学习空间可以直接进入共享的活动空间；通过营造轻松、舒适的学习氛围，增加学生之间的学习合作与沟通交流的机会。在图书馆等公共学习空间的设计中，采用大面积的阶梯式公共座位以增加空间的灵活性，引导学生以多样的形式分享学习经验，主动参与到互动、交流的学习行为中。此外，在共享空间中设计了便于书籍展示、拿取的书架，提供自由的阅读氛围，提高学生阅读与学习的兴趣[13]。

通过营造支持“基于关系、促进交往、产生体验”的校园共享空间环境，可以满足学生的个性化体验需求，培养自由交流、自主学习的非正式学习方式，更加契合学生的行为习惯和心理感受，有助于学生的全面成长。有设计师认为，新时代中小学校园设计的关注点可以归类为六大设计主题，分别为：校园文化认同、教学空间多元复合、公共空间设施灵活可变、资源开放共享、学习环境绿色宜居、建筑材料适宜亲和[14]。其中，“校园文化认同”强化了学习环境中特殊的场所意味，赋予了教育环境的特殊语境，也增强了学生的校园归属感和地方荣誉感，而特殊的场所营造可通过采用当地特色的建筑材料实现。具有校园文化认同的学生，能够更好地、自主自发地进行相关学习和探索，同时与学校所处社区、邻里、地区环境发生联系，能够更紧密地与社会接触，并在过程中成长。例如，在昆山市青淞中学的校园规划及建筑设计中，设计师突出了“共享、智慧、健康、绿色”的校园定位[15]。整体校园规划引入漂浮校园的设计理念，底层空间大面积架空，将地面空间释放出来，作为学生活动、交流及校园展示等多种功能的综合实现，摈弃了传统校园底层落地、封闭院落的面貌，创造出多元的活跃场所。景观设计则强调多层次景观空间交互融合，地面景观、内院景观、屋顶花园的一体化设计，为学生沉浸式体验自然、探索自然提供了条件。同时，通过搭建校园智能化应用平台，为学生随时随地开展多样化自主学习创造了可能。总体来看，基于素质教育理念的当代中小学建筑空间设计更强调教学空间的多元复合、设备设施的灵活可变、教学资源的开放共享；在当代追求绿色健康生活思潮以及科技高速发展的影响下，对绿色健康及智慧化校园的打造也逐渐得到重视。

1.3 高等教育阶段

高等教育阶段是人才成长的关键时期，这个阶段是学生从求学期到走向社会的最后的过渡阶段。大学生在学习、生活、交往等方面与中学阶段相比呈现出较大的不同。

首先，大学生的学习更富有独立性和创造性。从学习的内容上看，中学的课程内容属于基础性的知识，而大学的课程内容属于多层次（分基础课、专业基础课、专业课等层次）的知识，这就使大学学习无论在课程数量，还是教学内容的广度与深度上，都是中学学习所无法比拟的。现代科学技术知识不断更新，反映到大学教学中，就是不断增补新知识、更新淘汰旧知识。高等教育要求同学们在掌握知识的同时，锻炼适应于创造活动的能力，建立合理完善的智力结构，这方面的要求也远远超过中学。从学习的形式上看，中学以教师课堂讲授和较少的实验为主要教学形式，个人学习效果和质量的检查以经常性的测验和教师批改作业为主。中学教师的教学主导作用相对突出，同学们在学习上的选择余地和主观能动性的发挥比较有限。而在大学学习中，除课堂讲授外，还有一系列教学辅助活动相配合，各教学环节紧密相联，构成完整的教学体系。其中，自学和实习都被放在重要的地位，要求大学生具有独立学习、独立工作的意识和能力，具有创新的精神和实践的能力。随着学习自由度变大，大学学习更加突出兴趣和爱好，这就要求大学生具备更强的学习主动性和自我组织性，才能在多课程、大信息、深理论的大学学习中学到有用的知识和技能。同样，大学生只有学会独立学习，才能学得深刻、扎实，才能不断获得新知识，避免知识老化[16]。从学习的方法及途径上看，大学生获取知识的渠道更加多样化，除了课堂知识的传授以外，还可以参加选修课、学术讲座、科研项目研讨、教学实习、生产实习及社会实践等。学习途径的多样化决定了大学生只有充分掌握相应的学习方法，灵活运用，才能获取相应的知识与技能，为以后的职业生涯奠定基础[16]。

其次，大学生的生活也更具有独立性。中学时期不少学生吃住都在家，生活起居、衣食住行、看病就医等一切都由家长安排妥当，在这种环境下很难培养完全的独立性。而对于大部分大学生来说，上大学意味着第一次完全独立地过集体生活，上述所有的事情都要大学生自己去安排和处理，要想将学习与生活都安排得很满意，就必须培养自身较强的独立生活能力。

再次，大学生的人际交往更加广泛。不同于中学阶段大部分同班同学都来自相同的区域，大学生源的地域差异性较大，大学同学之间、班级之间、年级之间以及不同院系、不同专业之间的相互交往更具多样性。此外，大学一般都提供了丰富的社团活动及社会实践活动，参加这些活动可以极大地拓宽大学生的交往范围以及视野。大学期间的各种工作、实习也给大学生提供了更多与社会接触的机会，进而拓宽其人际交往的渠道。

最后，大学生的管理更加强调自律性。中学生在学校集体上课的时间较长，在此期间有学校老师的监管，回到家后有家长的监管，对其自我管理的要求相对较低。而大学生脱离了家长随时随地的监管，并且在学校自主支配的时间大大增加，这种情况下就要求大学生有较强的自我管理、自我教育、自我服务和自我约束的意识。

总的来说，高等教育阶段学生的独立性、创造性及社会性相较中学阶段均有了较大的提升，同时对这几种能力的培养要求也相应较高。

以 1999 年开始的高等院校大范围扩招及素质教育理念的提出为分界点，我国大学生教育模式的发展大致也经历了两个主要阶段。1999 年之前，大学教育模式主要为产业人才导向的传统精英教育，教师主要通过课堂教学形式将知识传授给学生。在这种单向知识灌输型的教学模式下，课堂的教学水平受教师个人的影响较大，学生也处于被动机械接受的地位，自主参与度较低，难以培养其独立自主的学习能力、创新精神和实践能力。1999 年之后，大学教育也逐渐转向以素质教育理念为导向的大众化教育模式。有学者指出，大学生素质教育的最终目的是培养全面发展、具有创新精神和实践能力的人才，使其能够适应现代社会的需要和挑战[17]。也有学者认为，素质教育应以全面培育和提高受教育者综合素质为目的，以培养学生的创新精神和实践能力为重点，提高当代大学生的自然性素质、通识性素质和专业性素质，或者说思想道德素质、文化科学素质、专业技能素质和身体心理素质，从而使知识、能力、素质三个要素达到高度和谐与完美统一[7]。还有学者认为，大学的素质教育应体现从唯分数、重选拔、重视少数学生的应试教育，向促发展、注重人文教育与科学教育的统一、关心全体学生全面发展的教育实践的转向和转型。在理论价值方面，素质教育的教育理念科学借鉴了终身学习、以学生发展为中心、大众化高等教育等理论的精华，强调现代高等教育不仅要全面提升学生的素质，还要培养学生的主体性和能动性，着眼于学生的全面和终身发展，培育学生形成多元化的思维和认知方式[8]。为了实现上述目标，教育者们也在不断地探索与发展新的教学方式。除了传统的课堂教学方式外，当代大学还提供了丰富多样的教学方式供学生选择，如注重实践操作和实践经验的实验实践教学方式、线上学习和线下授课相结合的混合教学方式、以学生为中心的自主学习方式、注重学生科研及创新能力培养的研究型教学方式、注重学生的国际视野和跨文化交流能力培养的国际联合培养方式，以及将教育和产业结合的校企合作教育方式等。多样化教学方式的引入，极大程度上突破了以教师为中心的传统课堂教学模式的限制，为学生成为学习的主体、实现以好奇或兴趣驱动的自我学习，并最终实现知识、能力与素质的全面提升创造了相应的条件。

高等教育理念及模式的演变同样对大学校园规划和建筑设计的模式产生了巨大的影响。江立敏等学者对过去二十年的大学校园规划设计进行了反思，并总结为四个特点：（1）一次成型、弹性不足。即校园整体规划多为一次成型、静态的规划，难以应对多学科交叉发展带来的多变性和不确定性。（2）分区明确、活力不足。分区明确虽然方便了校园管理，但也人为地割裂了学习、生活、运动等活动之间的联系，使校园缺乏空间活力。（3）风格统一、特色缺乏。不少校园的建筑风格接近甚至雷同，规划方案也存在明显的套路化和趋同性。

（4）定额限制、指标趋同。在统一的定额指标下，学校具有相似的建筑密度和空间尺度，这也是限制大学校园规划多样化的因素之一[18]。针对这些不足，设计师提出了相应的解决策略，包括在规划上采用“框架式”的规划导则模式，在对校园规划进行引导和控制的同时，确保规划的弹性和可变性；在功能上强调组团功能的复合化和多样化，如在教学区中加入餐饮、交往空间，在生活区中加入图书阅览室、自习教室、活动空间，进而创造充满活力的混合型功能区；在风格上采用延续策略或差异化策略，有助于形成兼具统一性和多样性的校园风貌；在指标上争取突破定额限制，实现规划的弹性[18]。也有学者认为，当代大学校园的发展应当强调有机生长与变化，在社会意义方面，转向对人文的重视和关怀，如人际交往、环境认知等；在校园功能方面，主张多样性和混合性使用；在交通组织方面，突出系统流程整合及步行的方便与重要性；在校园意象方面，追求场所性、地方性和文化性的识别[19]。还有学者强调了大学校园规划在城市层面空间布局的开放性，即将体育服务中心、图书资讯中心、科技产业等功能组团设置在邻近城市道路、与外界联系方便的位置，以利于与社会共享文化设施资源[20]。同时，在当代大学校园规划中，塑造绿色校园已经成为核心理念之一，在打造绿色校园景观环境的同时，还应当强调生态优先原则，注重能源的节约和资源的再利用，减少和避免污染物的排放[20]。石峻垚等学者认为，高校的设计需要更加注重公共空间的营造[21]。通过创造多样化的适宜讨论交流的场所，学习的行为不仅发生在教室内部，还可以发生在教室外、实训室、讨论区、就餐区等地方。当学校有适合独自安静学习的小空间，有可以面向中庭的公共学习空间，有适合小团队讨论的配备白板的小会议室，还有适合正式讲座的大讲堂等多样化的学习交流空间后，就能够更好地满足学生主动学习、社交学习以及个性化学习等多样化的学习需求。

1.4 小结

本章以教育主体—教育模式—教育空间为基本分析脉络，按照幼儿、中小学及高等教育三个阶段进行了详细的分析和梳理，可以得出以下结论。

首先，从教育主体，也就是学生个体的发展路径来看，虽然在不同的阶段有不同的特点，但其总体发展具有一脉相承的特性。具体来看，无论是处于幼儿、中小学还是高等教育阶段，受教育的个体都具备独立性、独特性、创造性及社会性这四种属性。以独立性而言，个体进入幼儿园后，就从完全依赖家长的状态逐步开始学习自理，经历小学、初高中的学习，直到大学毕业后走向社会，个体将逐步获得经济方面的独立、社会组织方面的独立以及思维判断与价值取向方面的独立。对于独特性、创造性及社会性也一样，个体从小到大不断成长的过程，就是这四种属性不断迈向成熟的过程。鉴于这四种属性贯穿个体成长的始终，针对个体各个阶段的教育也应当高度重视对个体独立性、独特性、创造性及社会性的培养和塑造。

其次，纵观我国不同阶段的教育理念及教育模式，我们可以发现相似的演变规律，即教育的主体逐渐由“教师”变为“学生”，“以学生为本”已经成为当代无论是幼儿、中小学还是高等教育理念的共识。而当教育的主体转变为学生后，不同阶段的教育方式也相应地发生了转变。整体上看，我国在各个阶段的教育模式都由单纯的由教师主导、以传授知识和完成任务为主的“应试教育”或“类应试教育”逐步转变为以学生自身个性化诉求为基础，以培养全面发展、具有创新精神和实践能力、能够适应现代社会需要和挑战的人才为主要任务的“素质教育”上来。可以说，素质教育是将“以学生为本”作为出发点，以培养及完善学生独立性、独特性、创造性及社会性为己任的教育模式，与应试教育相比，更接近教育的本质，更尊重学生的主体性和自身的发展规律，因此更具科学性与先进性。

最后，由于教育空间，即各类学校是为教育活动服务的，当教育的主体及主导教育方式发生变化后，与其相匹配的空间需求及空间设计也发生了相应的变化。具体来看，无论是幼儿园、中小学还是高等学校，其设计理念也从以服务教师对学生的管理为主导，转变为以服务学生为主导。为满足学生个性化体验、自由交流、自主学习的诉求，以及为了更加契合学生的行为习惯和心理感受，教育建筑空间设计方法也经历了如下演变：

（1）整体规划由“一刀切”的静态规划向“框架式”的动态可调整的弹性规划转变；

（2）空间功能由严格分区的“串联模式”向强调资源共享与多样混合的“融合模式”转变；

（3）建筑风格由千篇一律的“套路式”向具有独特场所性、地域性和文化性的“可辨识式”转变；

（4）环境营造由注重形式的“面子景观”向强调生态优先、低碳节能的“绿色校园”转变；

（5）设备设施由传统的“教”与“学”设施向由物联网、大数据及人工智能等技术支持打造的“智慧校园”转变。

上述空间设计理念及方式的转变，能够更好地匹配当代素质教育理念及教育方式，通过空间环境的多样性及可变性支持对学生主体性和能动性的培养，最终助力学生综合素质全面发展，因此具有较强的先进性，代表着教育类空间规划设计未来发展的趋势。

第 2 章

总体布局

教育建筑总体布局生成主要受场地外部因素和建筑内生属性两方面共同制约，而场地要素的分析又是总体布局前期最重要的一个步骤，是针对场地范围及周边情况进行全方位的整理、归纳及分析，并为下一步建筑设计生成起到依据性和指导性作用的一个过程。接下来笔者将就多年来在浙江省建筑设计研究院的工作心得，逐一分项展开思考和分析阐述。

2.1 场地外部要素分析

2.1.1　地形特征

不同的地形地貌对建筑设计创作有着完全不同的影响，譬如在山地地形中，建筑师可能就需要结合场地内部的高差和建筑自身内部的功能特点来进行功能布局、出入口设置等；而在平坦地形中，场地竖向条件或许就不是建筑师首要考虑的设计出发点了。以中共泰顺县委党校项目设计为例，为了准确地计算山地土方，采用无人机航拍技术（图 2.1-1），生成地块三维模型，进而对场地内竖向高差进行分段分析，划分出若干个不同标高段的台地（图 2.1-2）。

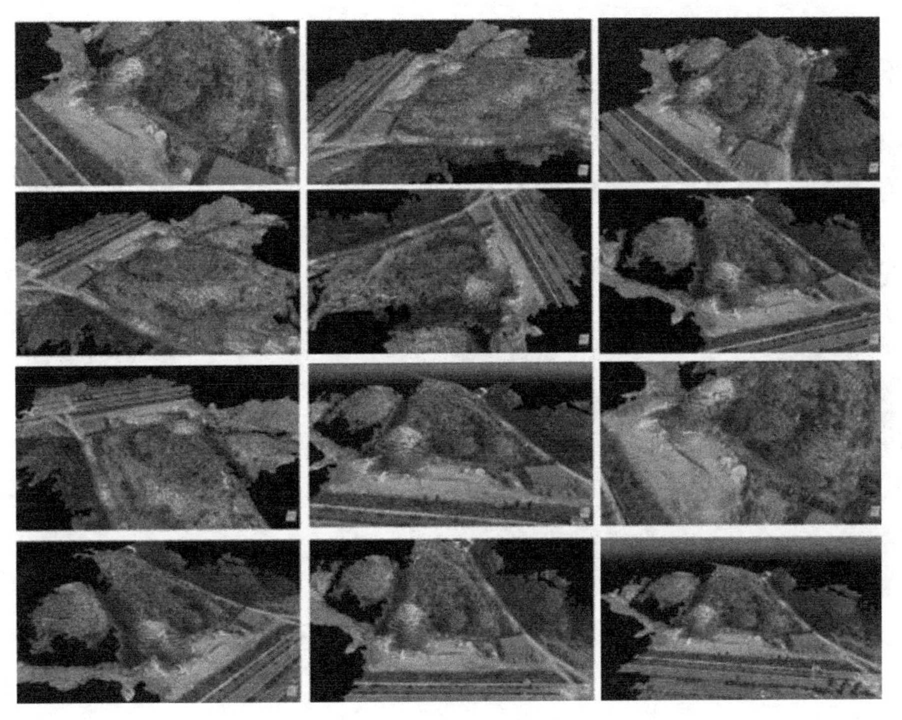

图 2.1-1　三维航拍图
（设计团队供图）

图 2.1-2　竖向台地分析
（设计团队供图）

除了竖向高差外，场地地形中的植被、水域、地质条件都是建筑师在创作过程中需要考虑的因素。例如，对于场地内的植被和水域，是全部保留，还是适当改造为建筑所用，抑或全部移除取消，都是建筑师在创作初期必须面对的问题（图 2.1-3）。

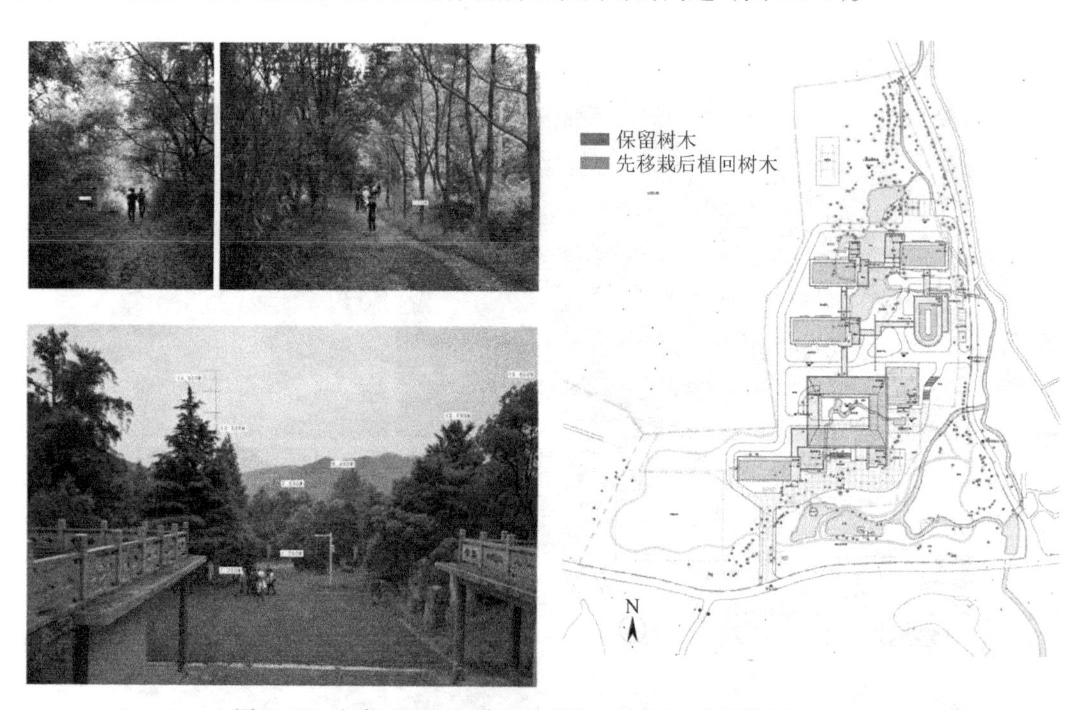

图 2.1-3　安吉“两山”讲习所项目，场地内植被资源丰富，
建筑师对保留树木和先移栽后植回树木分别做了标记
（朱周胤供图）

以上仅为笔者设计项目中单列的某个地形特征，实际工程的场地地形特征往往较为复

杂，建筑师在创作过程中，需要对场地地形特征各要素先进行分层分析，再叠加综合，形成图 2.1-4 所示的总图要素分析，作为下一步建筑总体布局的依据之一。

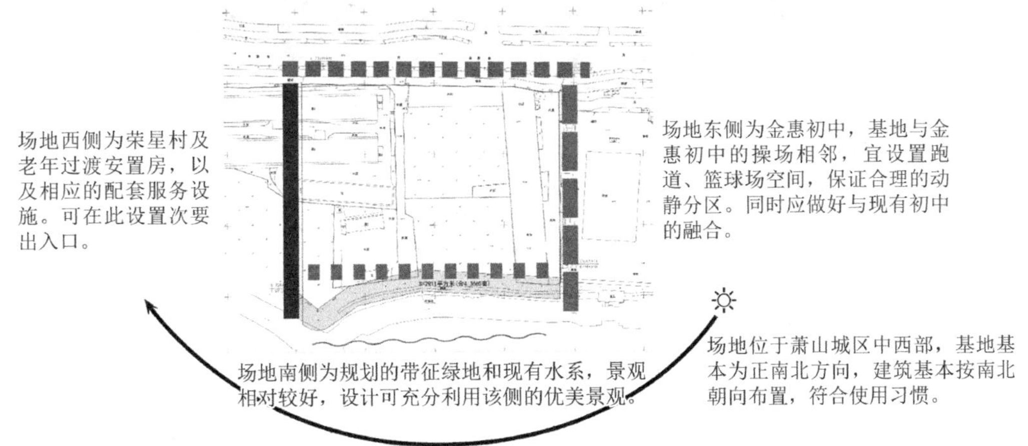

图 2.1-4　萧山区金惠小学场地周边要素分析，综合分析场地四周现有情况对场地的影响，为下一步建筑总体布局提供设计依据
（设计团队供图）

2.1.2　区位分析

区位分析是建筑设计的根本立足点之一，也是设计最早的出发点之一，是对项目所在地文化、历史、经济实力等因素的综合认知。一个好的设计要与当地地域文脉条件相契合，这就需要建筑师对项目所在地区文化及历史传统、经济发展、生活习俗等因素进行调研及归纳整理，对设计项目所处地域有一个较为完整的初步认知，从中找到对设计有用的信息，从而激发创作的灵感（图 2.1-5）。或者说，正因为有了这样的地域特征，才有了这个设计。遵循这样的设计思考逻辑过程，其设计分析才是一个比较好的理性思考过程。

卵石庭园

大成殿

礼文化

孔氏南宗家庙　　烂柯山

图 2.1-5　衢州职业技术学院项目，提取当地文化精髓，即“孔子文化”和“棋子文化”，对应孔氏南宗家庙和围棋仙地烂柯山两大景点
（设计团队供图）

2.1.3　场地周边要素分析

1. 周边交通

在场地设计中，非常重要的一个环节是场地内各出入口的设定，包括车行出入口和人行出入口，这需要建筑师对场地周边交通状况进行分析，包括道路的等级、人流及车流的主要来向、场地中可开口的位置以及周边是否有铁路、水路。通过叠加分析以上要素，再结合学校建筑自身特征，从而合理布置校园主入口、次入口、入口广场、停车场、后勤卸货区等功能空间（图 2.1-6、图 2.1-7）。

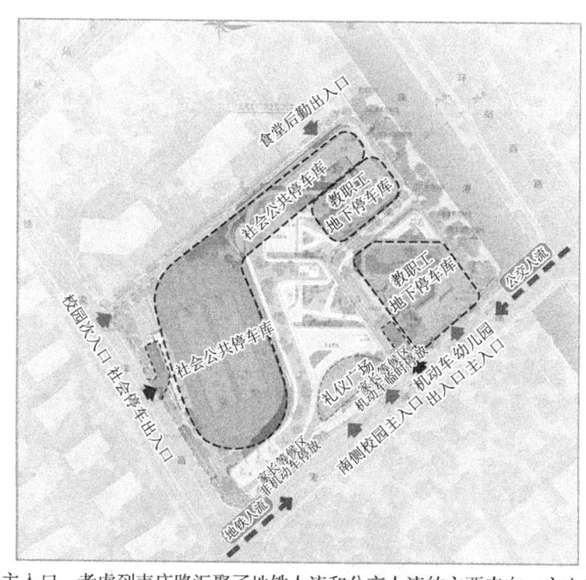

该项目小学地块设一个校园主入口，考虑到麦庙路汇聚了地铁人流和公交人流的主要来向，主入口设在南侧麦庙路上，通过建筑的围合布局打造开放的校前礼仪广场，在入口广场两侧设学生家长等候区和地面非机动车停放区；西侧设有一个次入口和一个社会停车出入口。

图 2.1-6　天城单元 30 班小学场地出入口分析
（设计团队供图）

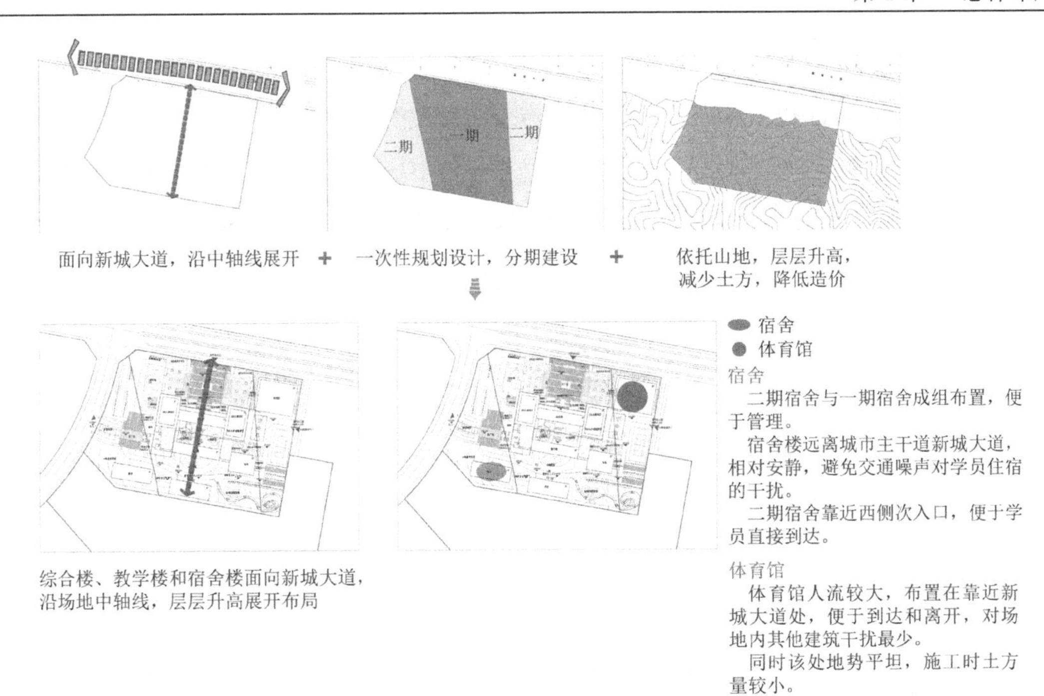

图 2.1-7　中共泰顺县委党校场地控制性要素分析
（设计团队供图）

2. 周边建筑

场地周边建筑现状对建筑方案的创作也有很大的影响，如何处理场地内新建筑与周边现状建筑的关系，是建筑师必须思考的一个问题。

1）周边建筑风格

对于新建筑，是与周边建筑的风格形态相协调，还是以自身独特的风格植入街区，与周边建筑形成反差——这两种处理方式，本身并没有对错之分，只是基于建筑师对整个场地的分析理解而作出的判断（图 2.1-8）。

图 2.1-8　天城单元小学、幼儿园外立面形象通过整体考虑，融为一体
（图片为作者方案阶段原创设计效果）

2）周边建筑功能

周边建筑功能对场地内建筑各功能布局有着非常大的影响。很难想象当一块学校用地紧挨商贸市场用地时，建筑师将主要教学功能靠近该市场用地布置，学生平时上课会受到怎样的教学干扰。因此，在进行场地分析时，周边建筑功能现状是建筑师在做设计之初不可不察的一个因素，相关分析图必须对这部分内容有所表示（图 2.1-9）。

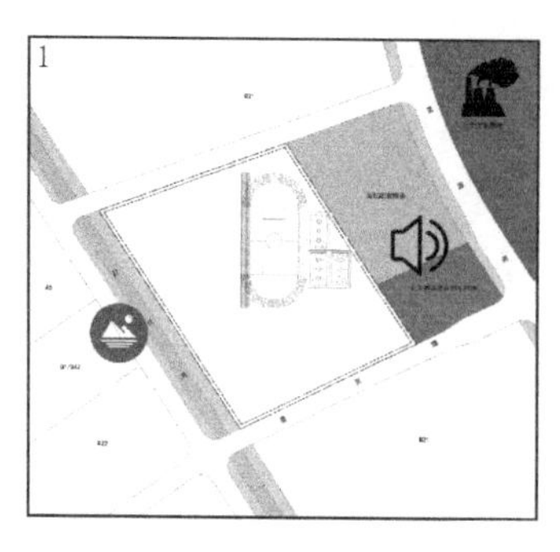

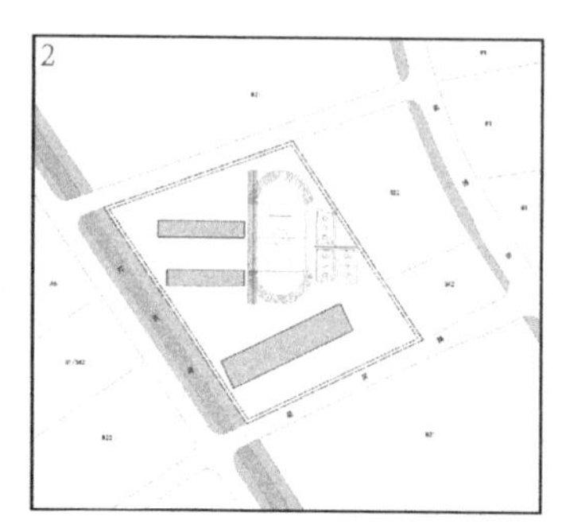

图 2.1-9　星桥第四小学项目，在靠近有噪声和一类工业用地处布置室外体育运动区，包括 250m 环形跑道；在靠近河道景观一侧，布置教学区和行政区

（设计团队供图）

3. 周边环境

场地周边环境包含周边自然环境和周边人文环境两方面。

1）周边自然环境

包括场地周边的地形地势、水文地质、树木植被、噪声等。与场地内自身地形特征一样，周边地形地貌对建筑设计也会产生直接影响，建筑师需要对此作出回应。其中，水域和树木植被在场地分析中都是比较重要的元素。场地内或者场地周边是否有较好的景观环境这一要素，往往是建筑师在设计过程中需要发挥和处理的一个着力点，处理好了，将为整个建筑方案增色不少（图 2.1-10）。而噪声源则是建筑设计中需要极力回避的一个因素，特别是教育建筑这类对声环境要求比较高的建筑，设计时可以将操场布置在靠近噪声源处，把教学场景与噪声源分隔开并尽量远离（图 2.1-11）。

图 2.1-10　青溪小学与周边山体景观融合

（图片为作者方案阶段原创设计效果）

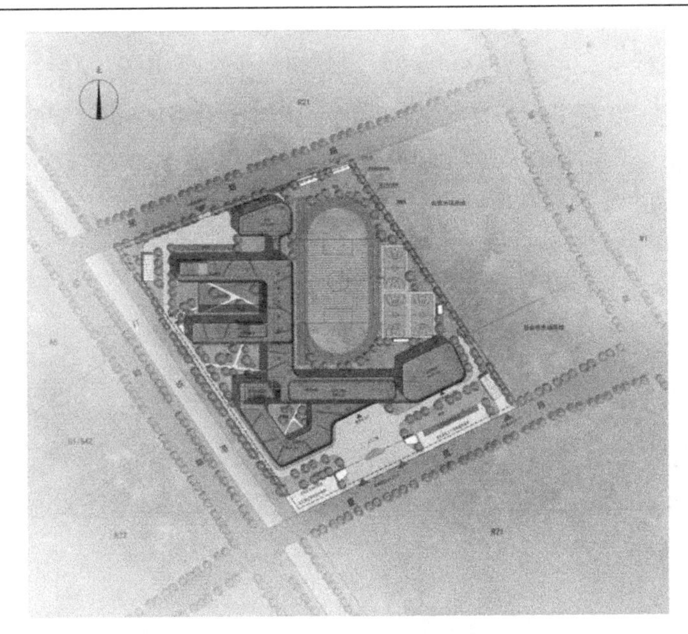

图 2.1-11　星桥第四小学项目，将风雨操场和体育场布置在靠近噪声源处
（图片为作者方案阶段原创设计效果）

2）周边人文环境

在一个有历史文化的场所进行建筑创作时，在场地分析阶段，建筑师需要调研考察当地传统文化，将当地传统文脉元素进行分析归纳、抽象提炼，进而融入自身的建筑设计创作中，在尊重传统的基础上进行创新，既保留地域文化元素，又激发地域文化新活力（图 2.1-12）。

图 2.1-12　嘉兴三中项目，通过保留地域文化元素，形成具有江南水乡风格的建筑形式
（图片为作者方案阶段原创设计效果）

还有一种做法则是，建筑师通过对新材料和新技术的运用，创造出一个新与旧的对比、传统与现代的反差。以衢州职业技术学院为例，建筑师采用玻璃幕墙和金属幕墙对传统建筑造型进行抽象提炼，用新材料、新技术来表现传统文化（图 2.1-13）。

图 2.1-13　衢州职业技术学院现代材料的运用
（图片为作者方案阶段原创设计效果）

2.1.4　场地气候条件

场地气候条件包括场地风象、日照、气温、降水等。

场地风象，包括风向、风速、气流图等要素，其中风向对建筑布局的影响较大。在教育建筑布局中，要结合当地风向合理布局食堂和垃圾房等易产生气味的建筑位置；同时，教学空间和生活空间的布局应有利于建筑的自然通风。

日照，包括日照时数、日照百分率、太阳方位角等要素。教育建筑中，普通教室和宿舍对日照有一定要求，需要满足相关规范对日照小时数的规定。不同建筑类型对日照的要求见表 2.1-1。

不同建筑类型对日照的要求　　表 2.1-1

建筑类型	日照要求
幼儿生活用房	冬至日底层满窗日照不少于 3h，室外活动场地 1/2 以上面积在标准日照阴影线之外
学校普通教室	冬至日满窗日照不少于 2h

2.1.5　上位规划分析

除了上述场地各项要素的分析以外，建筑设计还需要对项目用地的控制性规划条件进行分析，包括用地红线、建筑控制线、建筑密度、建筑高度、容积率、绿地率、场地可开口位置等。这些上位条件与建筑设计每个环节都有着非常密切且直接的关系。例如，建筑密度决定了建筑在场地中的面积，同时该指标与建筑高度、容积率一起决定了整个场地中建筑将以多大的体量呈现（图 2.1-14）。

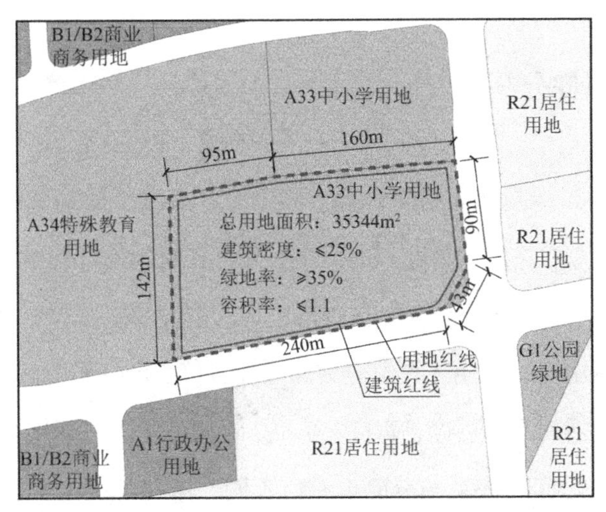

图 2.1-14　用地控制性指标对建筑体量呈现有着直接的影响
（设计团队供图）

2.1.6　小结

综上所述，汇总对设计有影响的相关场地外部要素如表 2.1-2 所示。

场地外部要素汇总　　表 2.1-2

场地外部要素		受影响因素
地形特征	竖向高差、植被、水域、地质条件	总平面布局、平面设计、立面造型
区位	文化及历史传统、经济发展、生活习俗	总平面布局、平面设计、立面造型
周边交通	道路等级、铁路/水路、开口位置、人流/车流主要来向	场地出入口、交通流线、功能落位、停车场
周边建筑	周边建筑风格、周边建筑功能	场地出入口、功能落位、入口广场、立面造型
周边环境	周边自然环境、周边人文环境	场地出入口、功能落位、景观布置、立面造型
场地气候条件	风象、日照、气温、降水	总平面布局、平面设计、功能落位、立面造型
上位规划分析	用地红线、建筑控制线、建筑密度、建筑高度、容积率、绿地率	建设范围、建设密度、建设高度、绿地面积

由表 2.1-2 可见，建筑总体布局受到了多方面因素的共同影响，各因素之间相互关联、相互制衡，在分析过程中，不能仅考虑某个单一因素，需要权衡场地中各方面因素，综合考虑其中利弊，最终得出符合项目实际场地情况的总图。

当然，每位建筑师在思考、判断上述场地影响要素的时候，都会有自己不同的考虑重点，得出不同的总图排布结果。中间既有理性分析的过程，也有自己感性因素的判断，这也就是为什么建筑设计最终生成的总图形式并不会是唯一解。建筑师只能尝试着在思索的过程中，对整个场地形式尽量作出最优解回应。

2.2 建筑内生属性分析

同样一块场地，当不同功能的建筑置于其中时，最终生成的总图形式会是完全不一样的，这也是我们在考虑建筑总体布局时，除了分析场地的外部影响要素外，还要结合建筑自身的内生功能属性进行分析。例如，旅馆建筑的主要功能区包括住宿区、公共活动区和后勤服务区；医院建筑的功能区大致分为医疗业务区、行政办公区、后勤保障区等，其中，医疗业务区又包括门诊、急诊、病房、药剂、检验等。这些不同功能建筑有着不同的使用需求，各功能区之间的联系与分隔也有所不同，这些都决定了最终总体布局所呈现的形态。

本书主要介绍全龄段教育建筑设计，因此笔者首先对不同年龄段教育建筑功能属性进行如下分类整理。

2.2.1 幼儿园主要教育功能分区

（1）幼儿园生活用房，为幼儿园的主要空间，包括幼儿生活单元和公共活动用房。其中，幼儿生活单元包括活动室、寝室、卫生间、衣帽储藏间等，同时每个功能区间应满足其最小使用面积要求；公共活动用房主要为多功能活动室，在布置上宜靠近幼儿生活单元。主要功能分区及面积要求见表 2.2-1。

（2）服务管理用房，包括晨检室（厅）、保健观察室、教师值班室、园长室、教具制作室等。

（3）供应用房，包括厨房、消毒室、洗衣间、车库等。需要注意的是，厨房应自成一区，并应与幼儿活动用房有一定的距离。

幼儿园生活用房主要功能分区及面积要求　　表 2.2-1

功能分区	幼儿生活单元				公共活动用房
房间名称	活动室	寝室	卫生间	衣帽储藏间	多功能活动室
最小使用面积（m^2）	70	60	20	9	90

2.2.2 中小学主要教育功能分区

中小学主要功能区包括教学区（教学用房、教学辅助用房）、体育运动区（风雨操场、室外体育场）、行政办公区、生活服务区（食堂、宿舍、设备用房）等。

主要功能分区及相关配置要求见表 2.2-2～表 2.2-5。

主要教学用房　　表 2.2-2

房间名称	相关设置要求
普通教室	为每个学生设置一个专用小型储物柜
实验教室	为各类实验室配置仪器室、准备室、实验员室等
计算机教室	设辅助用房供管理员工作及存放资料
语言教室	设视听教学资料储藏室，并设面积不小于 20m^2 的表演区
美术书法教室	设教具储藏室，宜设美术作品及学生作品陈列室
音乐教室	设乐器存放室，宜在后墙处设 2～3 排阶梯式合唱台
舞蹈教室	应在与采光窗相垂直的一面墙上设通长镜面，附设卫生间、更衣室、浴室和器材储存室
劳动、技术教室	设排气措施和减振减噪、隔振隔噪措施
合班教室	可设置成阶梯教室形式，前后排错位布置时，视线隔排升高值为 0.12m

教学辅助用房　　表 2.2-3

功能名称	房间名称
图书室	学生阅览室，教师阅览室，报刊阅览室，视听阅览室，书库，登录、编目及整修工作室
其他教辅用房	学生活动室、体质测试室、心理咨询室、德育展览室
教师办公室	年级组教师办公室、各课程教研组办公室

体育运动区　　表 2.2-4

功能名称	风雨操场	游泳池	室外体育场	
相关要求	设体育器材室、更衣室、卫生间、浴室	宜设 8 泳道，泳道长宜为 50m 或 25m	200m 环形跑道	小学 ≤ 18 班
			300m 环形跑道	小学、初中 18～24 班
			400m 环形跑道	小学、初中 24 班以上
			篮球场、排球场每 6 班 1 片	

生活服务区 表 2.2-5

功能名称	食堂	浴室	学生宿舍
相关要求	与室外公厕、垃圾站等污染源距离大于 25m； 食堂不应设在校园的下风向，不应与教学用房合并设置	—	不得设置在地下室或半地下室

各类教室（实验室）平面布置如图 2.2-1～图 2.2-7 所示（图片节选自《建筑设计资料集（第三版）》第 2 分册）。

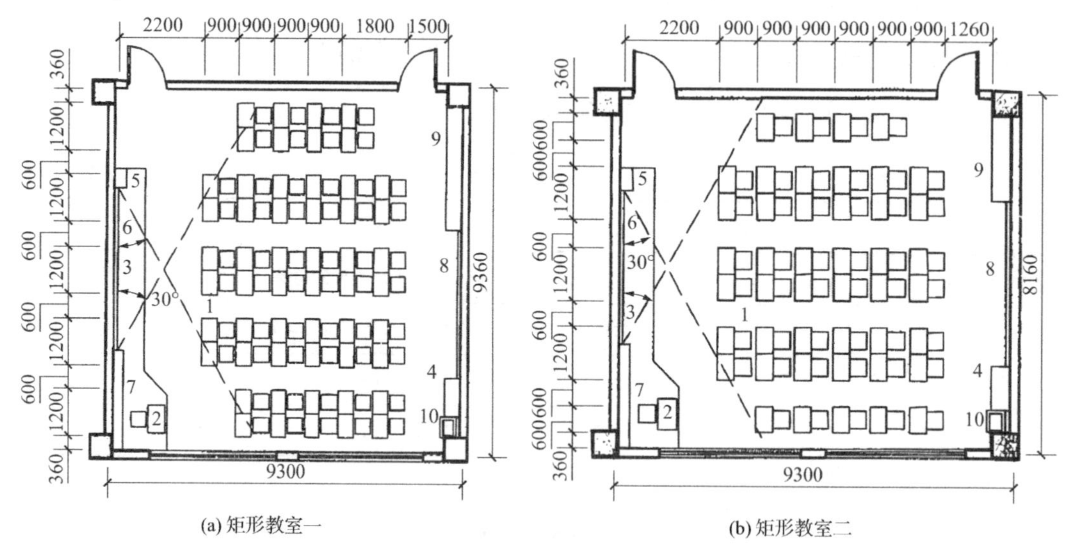

(a) 矩形教室一 (b) 矩形教室二

1—课桌；2—讲课桌；3—讲台；4—清洁柜；5—音响；6—黑板；
7—书架柜；8—墙报布告板；9—衣服雨具架；10—洗手池

图 2.2-1 普通教室平面布置形式

科学实验室通常配置一个准备室和储藏室，以化学实验室为例，在两个实验室中间设有药品室、实验员室和仪器室，在走廊的另一侧还结合造型、功能设置有若干小房间。

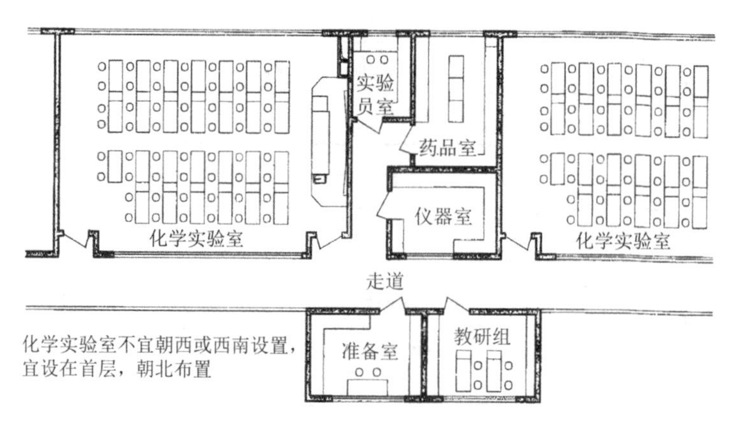

图 2.2-2 化学实验室平面布置形式

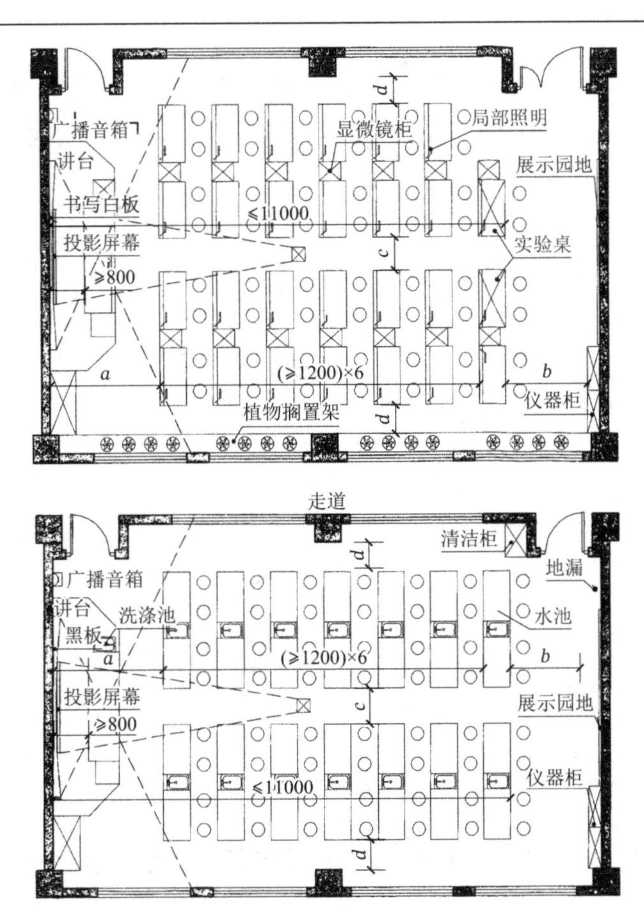

图 2.2-3　科学实验室平面布置净距尺寸控制：*a*—2500mm，*b*—1200mm，*c*—700mm，*d*—150mm（无走道），*d*—600mm（有走道）

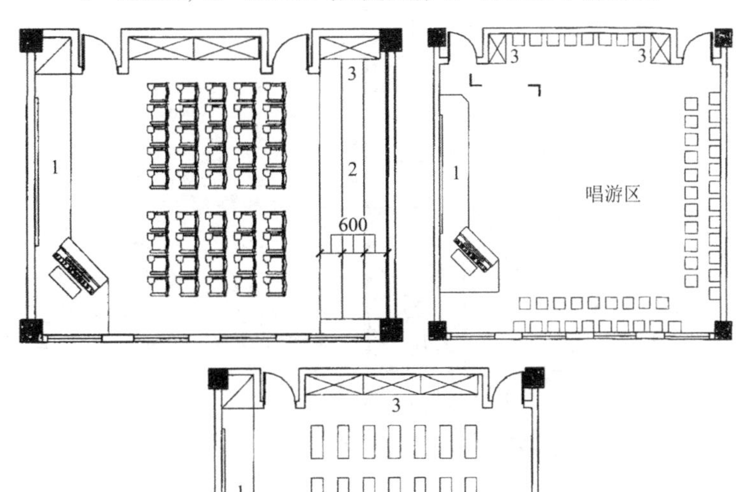

1—五线谱黑板；2—合唱台；3—教具柜

图 2.2-4　音乐教室的不同平面布置形式

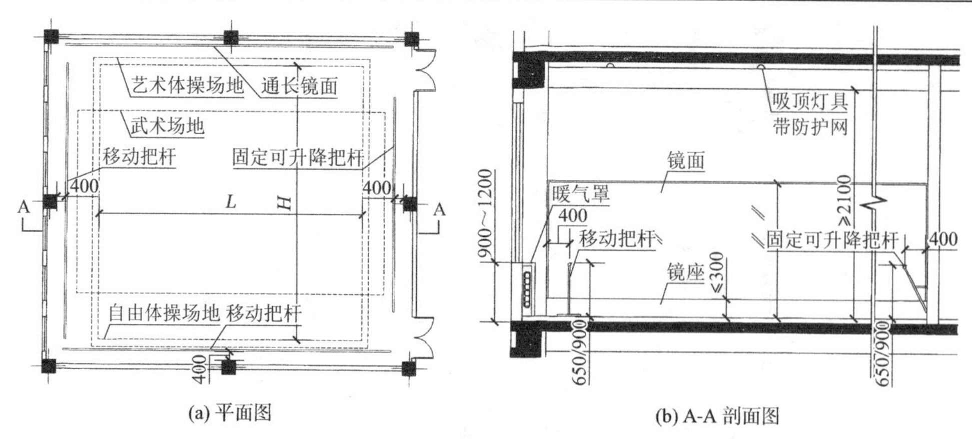

(a) 平面图 (b) A-A 剖面图

图 2.2-5 舞蹈教室平面及剖面图

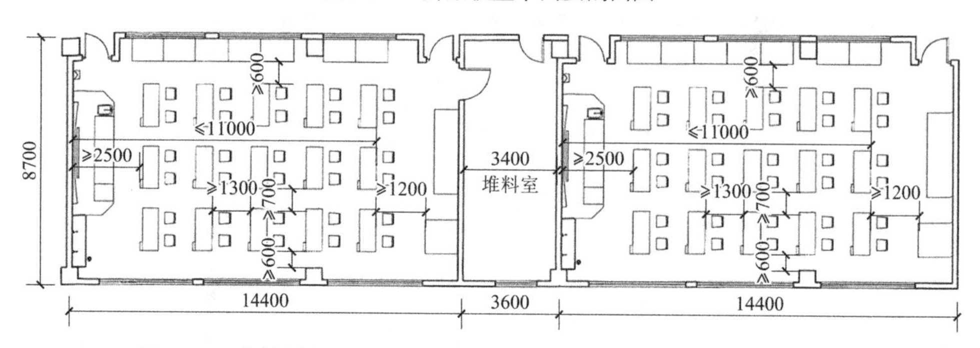

图 2.2-6 劳技教室平面图，与实验室类似，在两教室中间设置堆料室

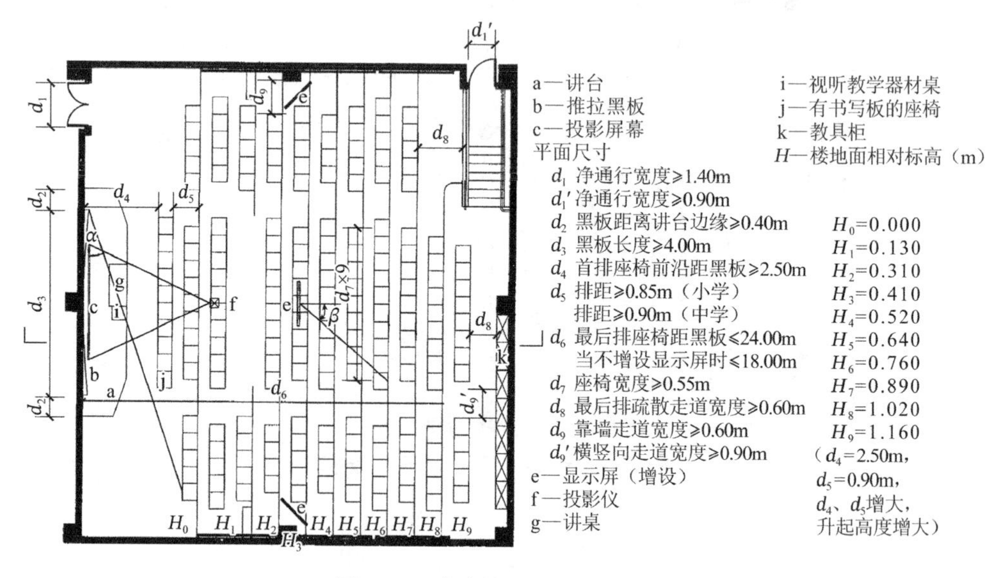

图 2.2-7 合班教室平面布置形式

2.2.3 职业学校、大学主要教育功能分区

现代职业学校、大学的主要功能区一般包括公共核心教学区、院所科创区、产教融合区、体育运动区、师生生活服务区、对外交流区等（图 2.2-8）。

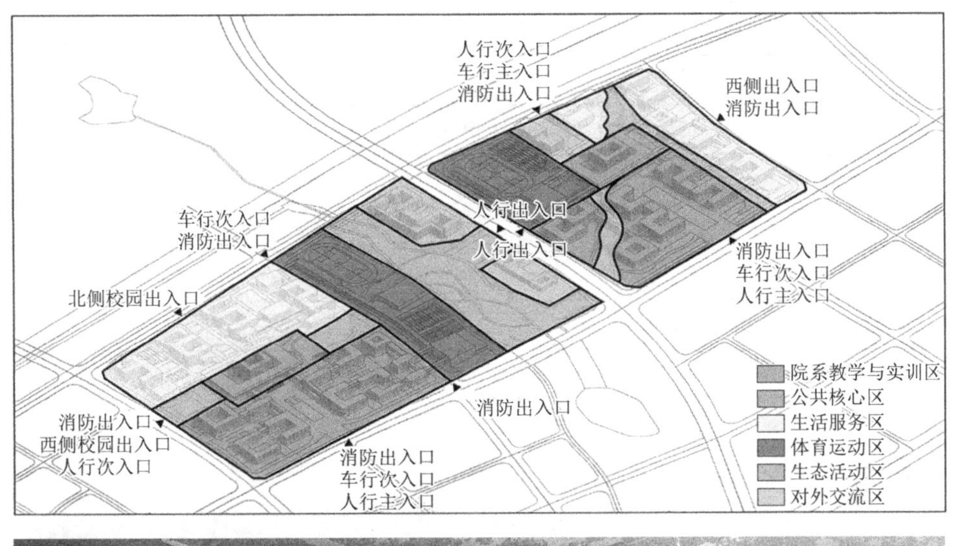

图 2.2-8　衢州职业技术学院与衢州市技师学院共建共享效果及功能分区
（图片为作者方案阶段原创设计效果）

公共核心教学区：主要包括图书馆、行政楼、报告厅、公共教学楼等。

院所科创区：主要包括各专业院系楼栋，专业性较强，内部一般会设大空间实验机械设备。

产教融合区：现代职业学校和大学中，教学科研与社会产业发展联系越来越紧密，城校融合、产城融合的发展模式越来越多，一般都会设置产学研基地，相较院所科创区，其位置会更靠近学校外侧，与城市联系紧密。

体育运动区：主要包括各类体育场馆、田径运动场地、球类运动场地等。

师生生活服务区：主要包括教工宿舍、学生宿舍、食堂、医院和其他辅助用房。

对外交流区：主要包括一些可以对城市开放的功能，如校友活动中心、国际交流中心，功能涵盖展示、会议、办公、接待等，是学校对外交流的重要窗口。

主要功能分区及类型见表 2.2-6。

职业学校、大学主要功能分区及类型 表 2.2-6

功能分区	具体功能类型
公共核心教学区	图书馆、行政楼、报告厅、公共教学楼
院所科创区	各专业院系楼栋
产教融合区	产城联系紧密的实训楼、厂房车间
体育运动区	各类体育场馆、田径运动场地、球类运动场地
师生生活服务区	教工宿舍、学生宿舍、食堂、医院、其他辅助用房
对外交流区	校友活动中心、国际交流中心

2.2.4 其他类学校主要教育功能分区

功能分区与上述教育建筑基本一致，一般包括行政办公区、教学及教学辅助区、体育运动区、生活服务区等。值得一提的是，该类学校与常规学校相比，还会根据特定需求设置专门的功能区，比如保密类国安学校会有专门的教学及仓库保管区；特殊教育学校会有专门的康复训练区（图 2.2-9）。

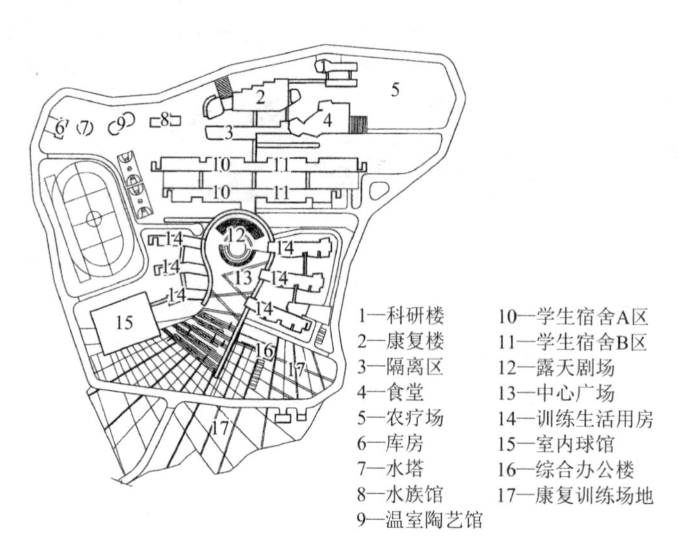

图 2.2-9 特殊教育学校设有专门的康复训练区
（图片引自《建筑设计资料集（第三版）》第 4 分册）

2.3 总体布局生成

2.3.1 交通出入口的确定

建筑设计应基于场地外部要素分析和建筑内生属性共同叠加的影响，分析确定场地最合理的交通出入口位置。从场地外部要素方面分析，交通出入口的位置主要受区位、周边交通、周边建筑、周边环境和上位规划条件的综合影响。从教育建筑内生属性方面分析，出入口主要包括师生礼仪主要出入口、学校后勤次出入口、车行出入口等，具体到不同年龄段，各类学校又会有所区别。全龄段学校各类交通出入口分析如下。

1. 幼儿园

幼儿园出入口相对简单，主要为一个园区主出入口和后勤出入口，车行出入口可单独设置为直接下地库，也可以与后勤出入口合用，并与园区人行主出入口分开，做到人车分流（图 2.3-1）。

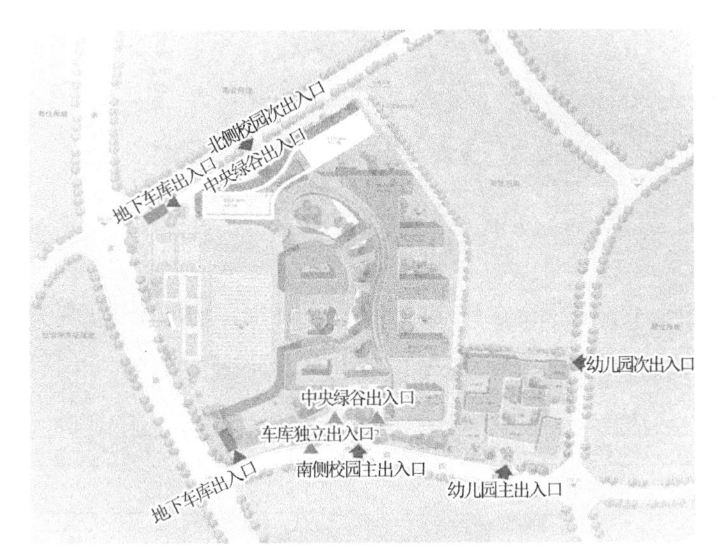

图 2.3-1　大鹏坞幼儿园设计中，沿南侧设置中小学与幼儿园主出入口，中小学用地北侧设次出入口，幼儿园东北角设次出入口，中小学用地设置社会停车库独立出入口
（设计团队供图）

2. 中小学

与幼儿园相似，中小学出入口也要设置一个校区主要出入口，也称礼仪出入口，供师生使用；另设一个次出入口，作为后勤出入口，供食堂后勤人员和机动车出入使用。值得一提的是，现代中小学一般在地下空间都设有社会车辆停车库，因此还要设置一个社会车辆停车库专用出入口。

3. 职业学校、大学

与幼儿园和中小学不同，职业学校、大学功能较多，体量也较大，需要根据其功能分区设置相应的出入口（图 2.3-2）。例如，公共核心教学区和院所科创区设置一个出入口，同时作为学校主出入口使用；师生生活服务区、体育运动区可单独设置出入口，也可以合并设置，作为学校次出入口使用；产教融合区和对外交流区与社会联系紧密，需要单独设置一个出入口，两个区块也可以合并设置，共用一个出入口。

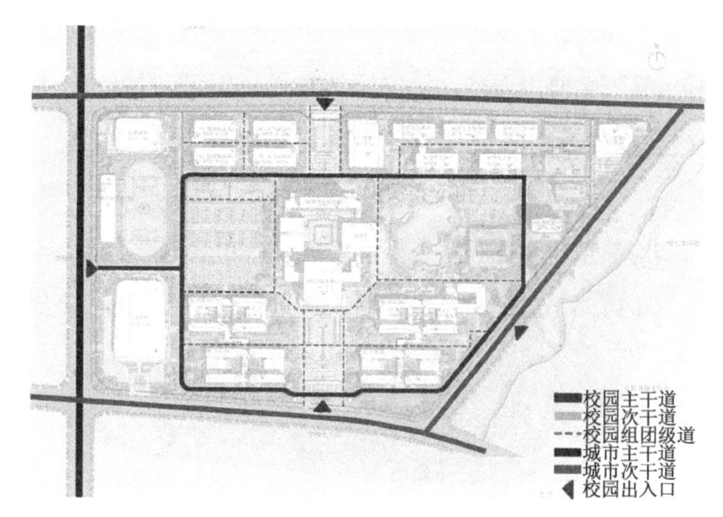

图 2.3-2　永康五金技师学院各出入口分析
（设计团队供图）

4. 其他类学校

在常规学校基础上，其他类学校往往会根据功能需求增加相应的特殊用途场景专用出入口。例如，特殊教育学校需设置康复训练区出入口（图 2.3-3）。

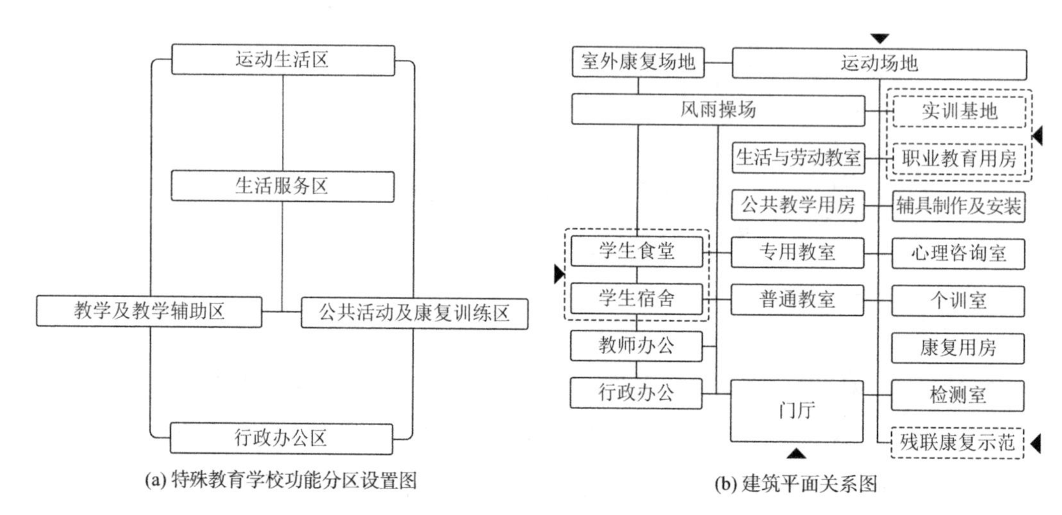

图 2.3-3　特殊教育学校功能分区所对应的出入口设置
（图片引自《建筑设计资料集（第三版）》第 2 分册）

各年龄段学校建筑交通出入口汇总见表 2.3-1。

各年龄段学校建筑交通出入口　　表 2.3-1

幼儿园	中小学	职业学校、大学	其他类学校
园区主出入口	学校礼仪主出入口	学校礼仪形象主出入口 教研核心区主出入口	学校主出入口

续表

幼儿园	中小学	职业学校、大学	其他类学校
后勤次出入口	后勤生活次出入口	生活服务区出入口	生活区次出入口
车行出入口	社会车库出入口	体育运动区出入口 可做到面向社会独立开放	特殊用途场景专用出入口
	学校教职工车行出入口	产教融合区出入口 对外交流区出入口 可做到面向社会独立开放	

2.3.2　建筑总体功能的落位

确定场地各交通出入口后，就可以根据与各出入口功能对位、靠近布置的原则，对不同功能区块在场地内进行合理的落位布置（图 2.3-4）。在这个过程中，建筑师既要考虑实际使用的便捷性、合理性，更要考虑建筑规范对总体布局的影响。笔者近些年在浙江省建筑设计研究院的一线工作实践中发现，规范对总体布局的影响尤其需要注意，因为总体布局设计是一个大的建设考量，如果这个时候在复核规范要求方面有硬伤，那后面往下做就很可能全是错的。

图 2.3-4　对位各出入口的功能分区落位

（图片为作者方案阶段原创设计效果）

建筑规范对全龄段学校总体布局的影响主要体现在以下几个方面。

1. 幼儿园

（1）每班设室外专用活动场地，面积不宜小于 $60m^2$。

（2）设全园共用活动场地，人均面积不小于 2m²。

（3）共用活动场地内设 30m 跑道及沙坑、游戏器具等。

（4）室外活动场地应有 1/2 以上面积在标准建筑日照阴影线之外。

（5）幼儿生活用房不应设置在地下室或半地下室，且不应布置在四层及以上。

以四堡七堡单元 12 班幼儿园为例，总平面设计如图 2.3-5 所示。

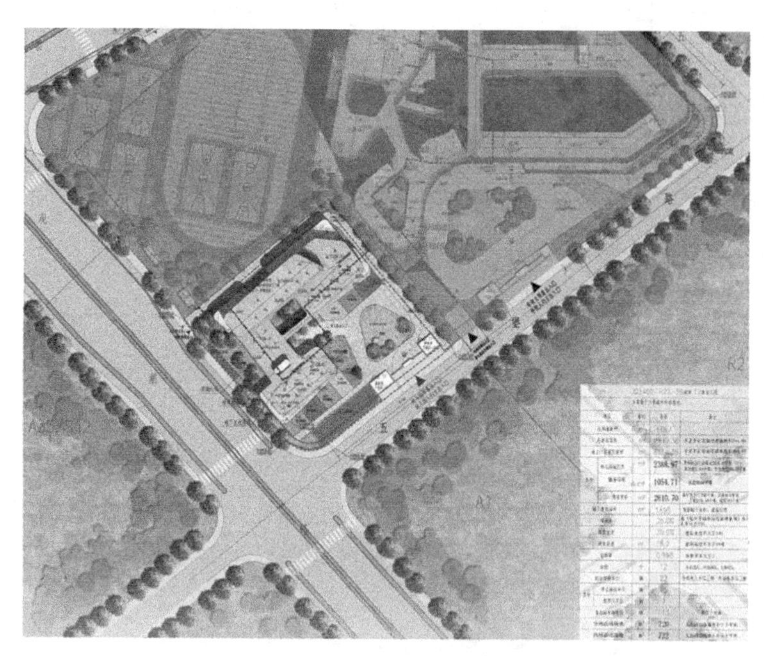

图 2.3-5　四堡七堡单元 12 班幼儿园总平面设计示意图
（图片为作者方案阶段原创设计效果）

2. 中小学

（1）学校主要教学用房中，设置窗户的外墙与铁路轨道的距离不应小于 300m，与高速路、地上轨道交通线或城市主干道的距离不应小于 80m。

（2）各类教室的外窗与相对的教学用房或室外运动场地边缘间的距离不应小于 25m。

（3）校园应设置消防环形车道，高层建筑需要设置消防登高场地。

（4）普通教室冬至日满窗日照不应少于 2h。

（5）室外田径场及各种球类场地的长轴宜南北向布置，长轴南偏东宜小于 20°，南偏西宜小于 10°。

（6）各类小学的主要教学用房不应设在四层以上，各类中学的主要教学用房不应设在五层以上。

（7）中小学每 6 个班需要设置一片篮球场和排球场。

（8）中小学应在操场的合适位置设置升国旗场地。

以萧山区金惠小学为例，总平面设计如图 2.3-6 所示。

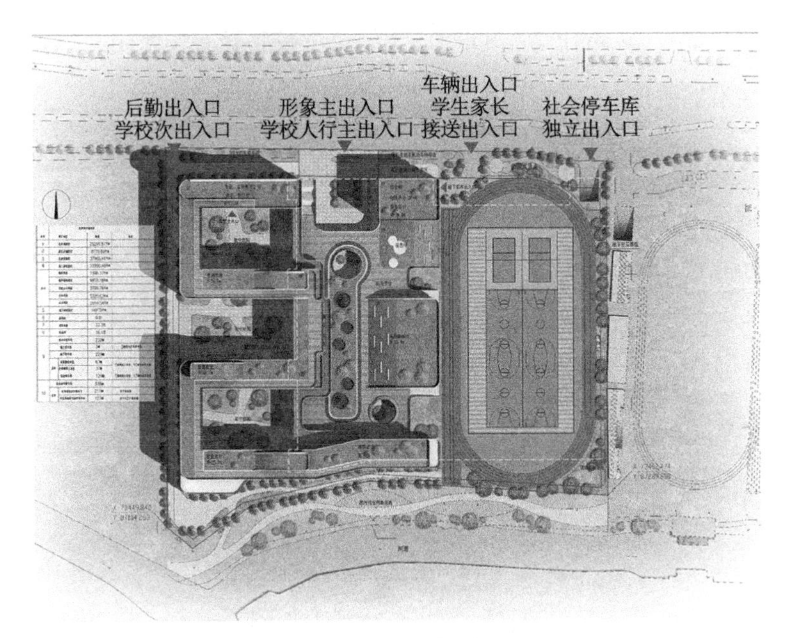

图 2.3-6　萧山区金惠小学总平面设计，清晰地表达了小学建筑主体与操场及周边环境的关系
（图片为作者方案阶段原创设计效果）

3. 职业学校、大学

现代职业学校、大学对室外田径场和各类球场数量有着特殊的要求，一般在校学生人数为 5000 人时，需要设置一个 400m 环形跑道（8 道）和 10 片篮球场、排球场。不同学生人数需要设置的运动场地数量见表 2.3-2。

体育运动场地设置标准　　表 2.3-2

在校学生人数（人）	300m 环形跑道（4 道）	300m 环形跑道（8 道）	400m 环形跑道（6 道）	400m 环形跑道（8 道）	篮（排）球场（片）
1000	1	—	—	—	2
2000	—	1	—	—	4
3000	—	—	1	—	6
4000	—	—	—	1	8
5000	—	—	—	1	10

注：本表引自《中等职业学校建设标准》（建标 192—2018）。

2.3.3　总图空间关系的架构

除了场地各交通出入口和建筑功能落位对建筑总体布局的影响，功能区块位置还需要考虑各功能区之间的关系，包括彼此之间以何种形式进行联系，从而形成一个独立完整的建筑布局形态。这一步非常重要，既要满足各功能区块的实际使用需求，又要使整个建筑布局呈现出完整且富有美感的形态，同时还要结合学校是否有预留用地的发展需求，避免一次成型、弹性不够的情况。

教育建筑空间规划必须与相应年龄段的教育理念相一致。例如，幼儿园更为注重孩子个性的发展，希望引导孩子自由地思考、体验、探索、质疑和寻找答案，因此在设计时需要创造多样化的环境（图 2.3-7）。

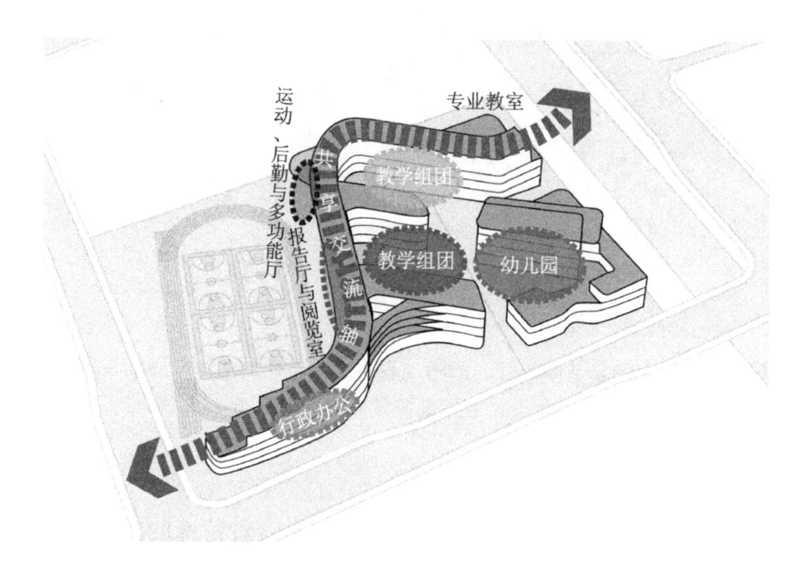

图 2.3-7　天城单元小学及幼儿园，通过院落组织，
使空间关系互相呼应，形成一个整体的布局形态
（设计团队供图）

中小学强调全面发展的素质教育。现代素质教育不同于以往的“填鸭式”教育，教育方式从过去传统意义上的“教”转向“学”，即以学生为中心的教学理念，鼓励学生用更加积极、交流、开放的学习方法认知事物，这就需要在设计时尽可能多地创造开放、共享的可交流空间，可以让学生停留、交流、学习和玩耍，并通过实践活动来获得知识，例如设置屋顶农场、户外剧场等体验式空间。这些学校环境有助于拓宽学生获取知识、认知世界的途径，因此当代中小学校园设计应该注重教学空间的多元复合和公共空间的灵活可变，创造一个绿色、开放、共享的学习环境。

高等院校的校园整体规划注重开放性。城市与大学的互动将越来越频繁，校园与城市、社区之间的有形或固化的边界可能会越来越淡化，因此，校园的开放空间以及与城市、社区的融合成为重要的规划主题（图 2.3-8）。

图 2.3-8　衢州职业技术学院与衢州市技师学院整体鸟瞰，打造一个与城市开放共享的现代化新型大学校园
（图片为作者方案阶段原创设计效果）

笔者基于一线设计院的多年工作实践，分析汇总全龄段教育建筑常见的几种空间布局形态如下。

1. 幼儿园

（1）集中式。这是现在城市幼儿园常见的一种建筑布局形态。由于城市用地较为紧张，幼儿园用地面积都较小，因此多采用集中式布局。该种布局方式多采用院落式组合，功能关系通过中庭串联。同时，通过中庭及公共厅廊创造多样化的共享空间，帮助幼儿在游戏活动中培养协作能力、组织能力，教师在其中主要起到一个引导、指导、陪伴的作用（图 2.3-9）。

图 2.3-9　四堡七堡单元 12 班幼儿园集中式布局
（图片为作者方案阶段原创设计效果）

（2）分散式。在用地面积较为宽裕的情况下，可采用分散式布局，即通过厅廊将不同

空间进行串联整合，降低不同功能之间的干扰，同时使内部联系方便（图 2.3-10）。

图 2.3-10　北沙村幼儿园分散式布局
（图片来源于网络）

在分散式布局中，通过围合的庭院、开放的坡道及屋顶花园、活动平台等，有助于激发幼儿兴趣，引导幼儿自主学习，发展幼儿创造力，促进幼儿的交流成长。

幼儿生活单元（寝室）和活动室的若干种平面组合方式如图 2.3-11 所示。

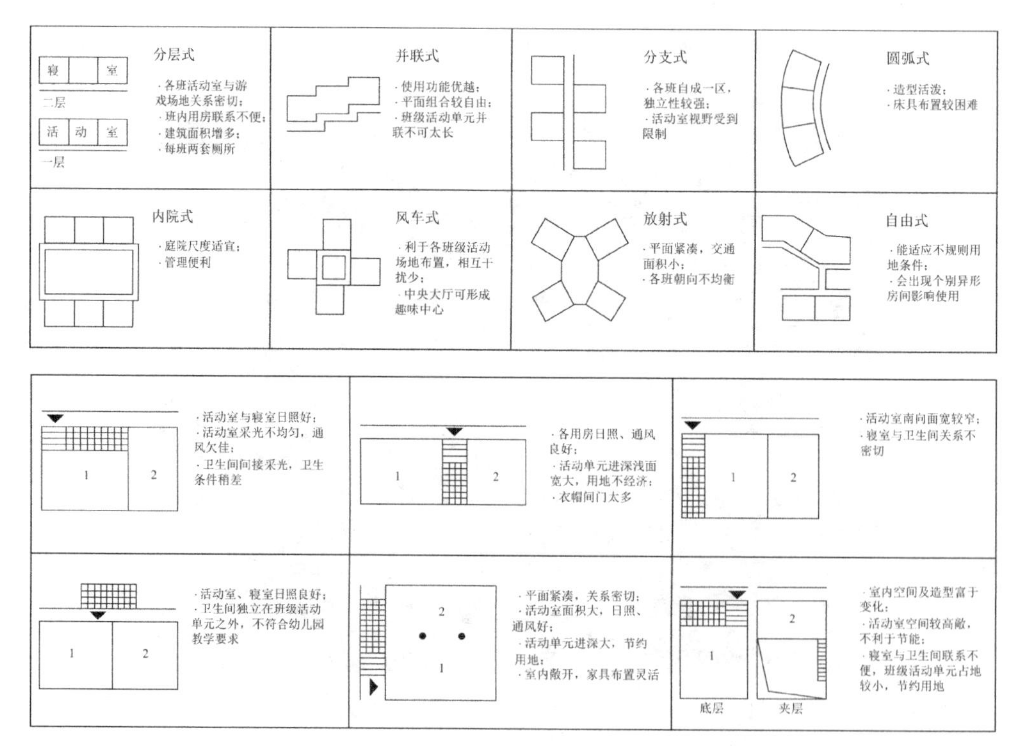

图 2.3-11　幼儿生活单元（寝室）和活动室平面组合方式
（图片引自《建筑设计资料集（第三版）》第 4 分册）

2. 中小学

中小学的建筑布局形态同样有集中式和分散式两种，同时，其布局与操场位置、用地形状等有着密切的关系。此外，不同学校还有着自己特殊的使用需求，这都是建筑空间布局时需要考虑的因素。

以四堡七堡单元 36 班小学为例（图 2.3-12），在规划阶段设计了大量的户外空间，包括中轴学习街、立体多维度连廊、屋顶花园、教学庭院、公共活动平台、环绕操场的跑道等。这些户外体验式空间将校园内各楼栋连成一个整体，创造了一个基于交往、注重体验的绿色校园环境，学生的学习方式不仅发生在封闭的教学楼内，学校的各个空间区域都可以支持学生学习交流；通过创造多样化、多层次的开放空间，让师生主动融入校园绿色环境，在不同的空间氛围中体验学习交流的乐趣，而不是被动参与校园体验过程。

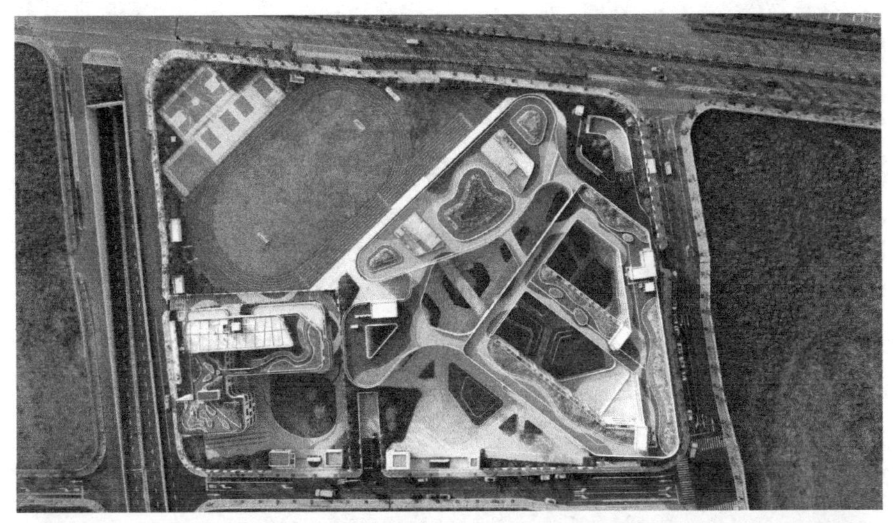

图 2.3-12　四堡七堡单元 36 班小学实景鸟瞰，通过活动平台、连廊、屋顶花园串联成一个整体

（图片来源：丘文三映摄影）

元成中学在规划中突出共享、智慧、绿色的校园定位，在充分考虑学生的学习环境需求基础上，高效率地使用校园空间，设计了多元复合、灵活可变的公共空间以满足学生的个性化体验、自由交流、自主学习等需求（图 2.3-13）。同时，在建筑空间围合方面，基于学校自身功能的特点，注重塑造沿城市道路形象，打造下沙开发区重点校园。

淳安千岛湖青溪小学依据现场实际用地情况，采取分散式布局方式，整体规划在适应现场地形地貌、自然气候条件的基础上，呈现山地建筑的形态（图 2.3-14），同时选取当地传统建筑材料，例如亲和宜人的木材、砖瓦等，在传统建筑的形式上加入现代化造型几何元素，使整个校园建筑呈现当地地域文脉的特点，很好地契合当地自然文化环境。

图 2.3-13　元成中学鸟瞰，围绕中心庭院组织各功能单体
（图片为作者方案阶段原创设计效果）

图 2.3-14　青溪小学，建筑布局与山地地形相结合，呈现层层跌落的形态
（图片为作者方案阶段原创设计效果）

3. 职业学校、大学

职业学校、大学的布局模式与中小学有较大不同，原因在于教学需求和教学模式发生

了较大变化。

结合前述高校功能分区，一般将公共核心教学区、院所科创区、产教融合区、师生生活服务区、体育运动区、对外交流区分组团布置，也可以将若干关联性较强功能区合并为一个组团布置，例如，公共核心教学区与院所科创区合并，或院所科创区与产教融合区合并，具体需要结合学校规模做出适合实际情况的调整。各组团内部功能应完整，联系应紧密（图 2.3-15）。

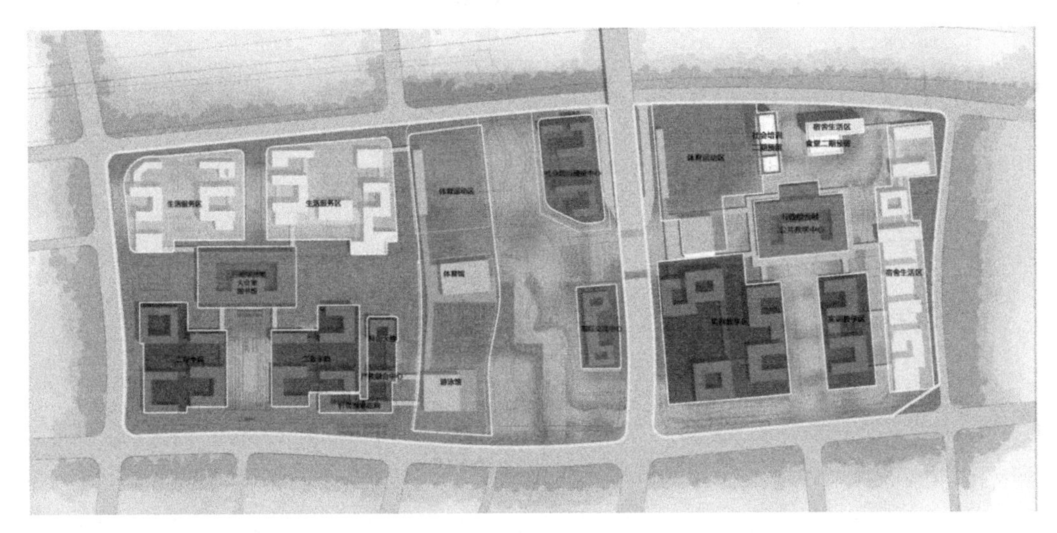

图 2.3-15　衢州职业技术学院与衢州市技师学院功能分区定位，体育运动区与城市绿带相结合，打造面向城市开放共享的体育文化公园

（设计团队供图）

值得一提的是，对于高职院校的教学与实训区内公共空间的营造，建筑师需要重点思考如何创造出可供讨论交流的公共场所，营造温馨、充满学习氛围的环境。现代教育主张学生去户外空间探索发现，而不是坐在固定教室内学习。走出去、自主性的学习更容易激发学生的交流欲望，因此空间组织方式应由简单的交流空间转变为串联性质的功能空间，学习的行为更多地发生在户外、半户外这样的公共空间内。

由同济大学规划设计的中国科学技术大学高新园区，通过打造校园南北主轴线、滨水生活带和科研学术带，呈现出清晰的“一轴两带”的整体架构（图 2.3-16）。位于科研学术带南端的学科楼教学组团，包括三栋学科楼、行政与师生服务中心、图书教育中心以及现状信息学科研发楼，建筑师通过一条贯穿南北的连廊将各栋楼连接起来，并且使连廊与地面景观相融合；二层与公共活动平台相连，连廊路径两侧还设置了绿化空间和不同类型的休憩座椅，丰富了连廊的行走体验，学生可以在这里随时驻足、思考、交流。

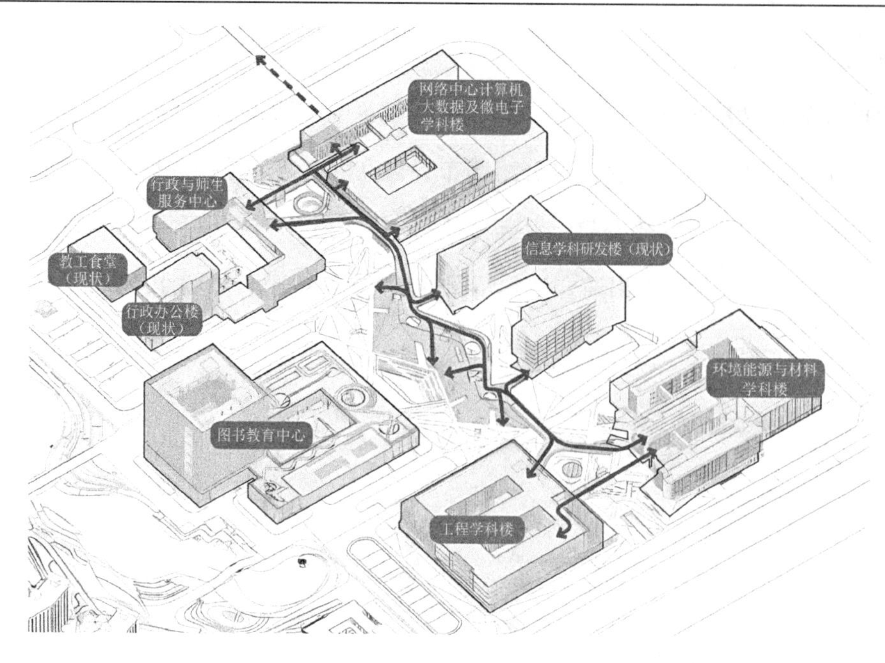

图 2.3-16　中国科学技术大学高新园区
(图片来源于网络)

永康五金技师学院采用分期开发、分标段建设，因此整体规划阶段即采用了框架规划与动态更新的模式，以框架规划代替对建筑空间形态的具体描绘，对校园分期规划和分标段建设进行动态控制和引导，避免传统校园一次成型、弹性不够的弊端（图 2.3-17）。

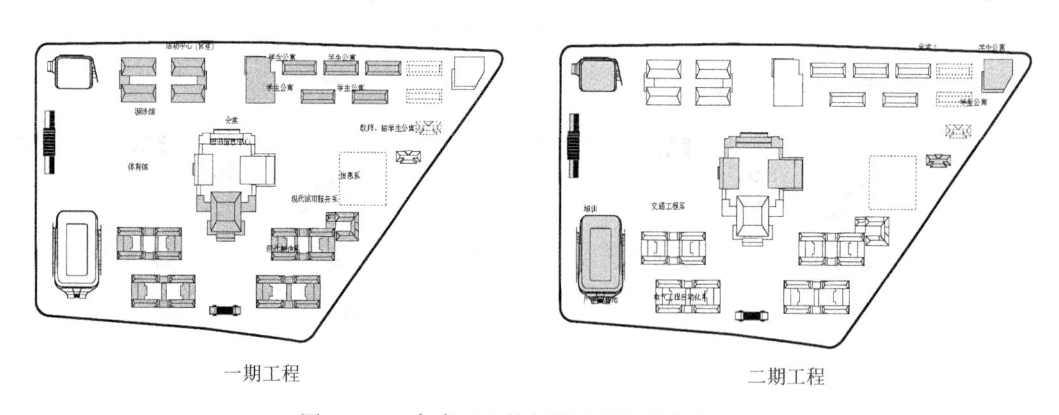

图 2.3-17　永康五金技师学院分期单体落位图
(设计团队供图)

4. 其他类学校

与中小学类似，其他类学校也可采用集中式或分散式布局方式。建筑布局的最终形态与场地的大小、形状有关，也与建筑不同功能分区的位置、彼此的空间联系形式有关，包括运动场地的定位，不同功能分区的组织形式，公共空间的形式，重要建筑的落位等（图 2.3-18）。

图 2.3-18　中共泰顺县委党校实景鸟瞰
（图片来源：作者拍摄）

2.3.4　道路、景观等总图要素的完善

1. 幼儿园

随着素质教育改革的全面推进，幼儿园教育的内容从传统的以保教为主逐渐发展为强调幼儿全方位发展的素质教育，相应地，幼儿园建筑空间及形象造型出现了新的趋势：交通空间面积增加，除了承担交通通行外，还是儿童的公共活动空间；出现了专用教室，活动室形式更为多样，包括科学发现室、图书阅览室、美术室等；建筑形象更趋抽象，空间环境更加丰富，有更多可供幼儿户外活动的立体空间场所。设计师在排布幼儿园总图要素时，需要重点考虑这些户外共用的立体活动场地和班级活动场地，以及与室内活动空间、教学空间的穿插交融，从而呈现多样化的教学活动空间形式（图 2.3-19、图 2.3-20）。其他要素还包括戏水池、沙池、跑道、旗杆、后勤场地、杂物院等，其中，后勤场地、杂物院主要供幼儿园厨房使用，对应后勤出入口。需要特别注意的是，相关规范对活动场地的面积和日照都有明确要求，本书前文已有介绍，这里不再赘述。

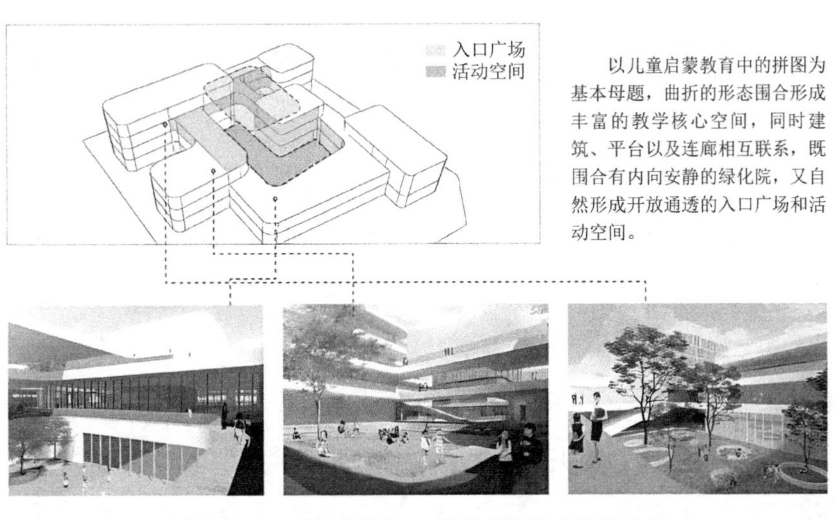

图 2.3-19　开化大鹏坞 15 班幼儿园活动场所分析
（设计团队供图）

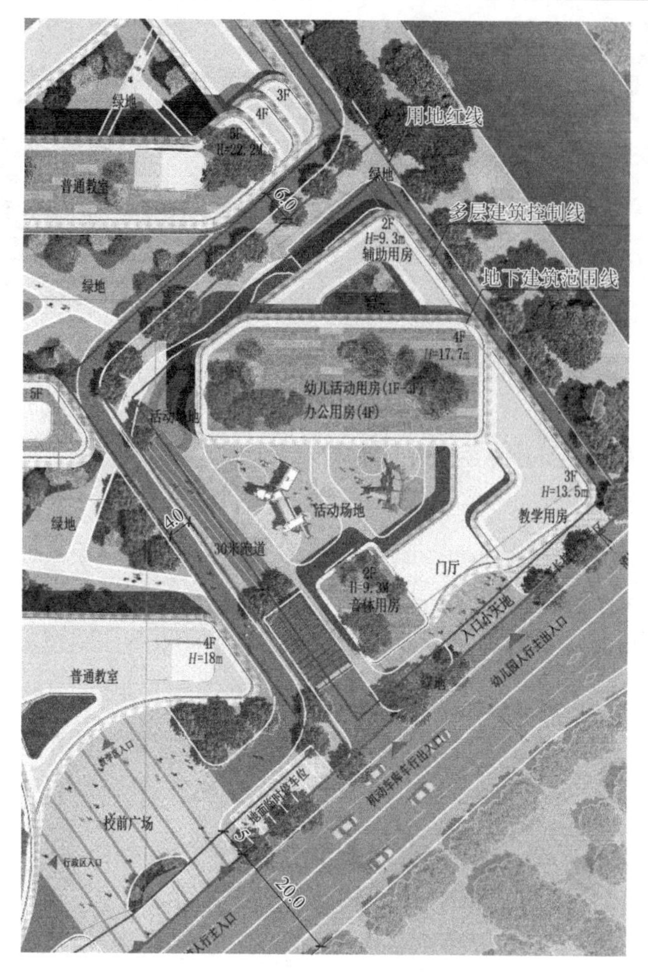

图 2.3-20　天城单元 12 班幼儿园平面布置
（设计团队供图）

2. 中小学

中小学阶段的教育仍然强调学生全面发展的素质教育，注重学生在发展中的主动性，培养学生求知、做人、健体、生活、审美及创造等各方面能力，强调教育的开放性。相应地，在校园总图空间要素设计方面，建筑师要关注多元复合的公共教学空间，强调资源的开放共享，激发学生的学习兴趣和能动性，创造绿色自然的学习环境，突出“共享、绿色、智慧、健康”的智能校园定位（图 2.3-21、图 2.3-22）。具体而言，总图的功能性要素设计主要考虑以下几个方面。

（1）学生家长接送等候区。考虑到中小学学生家长接送的实际情况，为减缓对城市道路的交通影响，需要在学校主入口一侧设置学生家长接送等候区和非机动车临时停放场地。

（2）校园靠近学校主入口处需设置入口广场，以及学生接送大巴车的停放场地。入口广场一方面可作为学校礼仪形象的景观节点，另一方面也是学生进出校园的缓冲集散区。

（3）室外运动场地。根据学生人数设置 200～400m 环形跑道和若干篮（排）球场地，篮（排）球场按每 6 个班设置一片。

（4）景观环境。学校景观包括不同层级的绿地，例如中央绿地、教学单元之间绿地、雕塑小品、花池、铺地、道路、围墙等。通过对这些景观元素的运用，创造出可供学生课间交流、驻足活动的室外场所。中小学学生活动的室外场所主要包括教学单元间庭院、室外运动场、普通教学单元与文体活动单元间围合形成的半开放空间、面向主入口的广场节点等。

（5）地下车库坡道出入口。地下车库坡道出入口设置在室外时，需要处理好与绿地、道路的关系，主入口应退离道路不小于 6m。若学校要求设置社会车辆停车场，则地下车库出入口应能直接通往城市道路，与校园通过围墙物理分隔，独立管理。

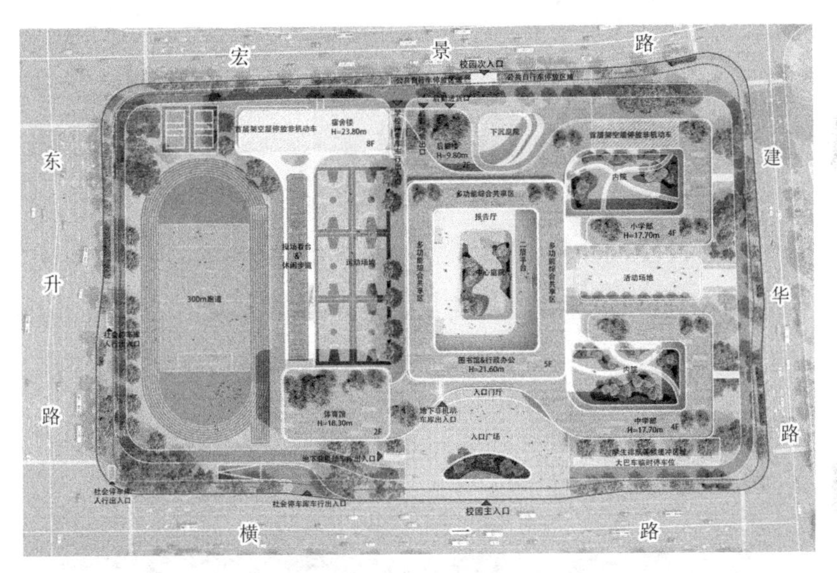

图 2.3-21　新湾街道九年一贯制学校平面设计

（设计团队供图）

图 2.3-22　新湾街道九年一贯制学校学生活动空间场所分析

（设计团队供图）

3. 职业学校、大学

现代职业学校、大学往往占地面积较大，因此，如何完善布置总图场地的要素，如何与现代大学教育的特点相结合，是建筑师在设计时必须面对的问题。

随着现代信息技术的发展，人们获取知识的方式发生了巨大的变化，以教师为主体的、被动的授课式教学方式逐渐被以学生为主体的、主动的自助式学习方式所替代。主动学习、社交学习、个性化学习已成为影响未来大学空间设计的三个主要因素；科技和网络为学习者带来了极大的便捷性和可移动性，非正式学习的重要性逐步被认识；此外，终身学习也将成为人们的生活方式。这些都对新时代校园规划提出了新的空间诉求。

当代职业学校、大学需要在城市层面考虑校园空间的布局，体现其开放性，例如，图书阅览、体育运动功能板块考虑与城市共建共享。在校园中心区需重点考虑构建仪式性的空间感，例如，构建多条轴线的交会核心，其中心往往是学校的标志性建筑；在校园内部形成一套高效、立体的交通体系，现代大学很多是跨城市道路建设，需要规避城市道路对用地切分的不利影响。以衢州职业技术学院为例（图 2.3-23），通过构建立体、多样的交通体系，连接东、西两个校区，其中人行道和非机动车道通过架空天桥连接，车行道通过地下室连接。此外，教学实训区布置需要从实际教学研究出发，秉持各学科融通、贯通、相互渗透的现代教研理念，设计时综合考虑整体效果，通过连廊、平台等将各学院组团构建成一个学科群。

图 2.3-23　衢州职业技术学院立体、多样的交通体系
（图片为作者方案阶段原创设计效果）

综合上述分析，在总图要素的考量方面需要分级设置（图 2.3-24），一般包括以下内容。

（1）绿地和广场。这两个元素经常会结合在一起设置，以创造一个良好的室外景观环境，供师生交流休憩。通常分为中心广场绿地、组团绿地、沿街沿河绿地、景观节点小广场。

（2）道路。道路交通规划在职业学校、大学校园规划中是非常重要的，对整体布局的生成有着极大的影响，一般分为校园内部主干道、校园内部次干道和校园内支路。校园内道路宽度与学校规模、是否通车等因素有关，一般支路宽 4～7m，次干道宽 7～10m，主干道宽 12～18m。为了保证人流与车流互不冲突，校园内主、次干道需要单独设置人行道和车行道。

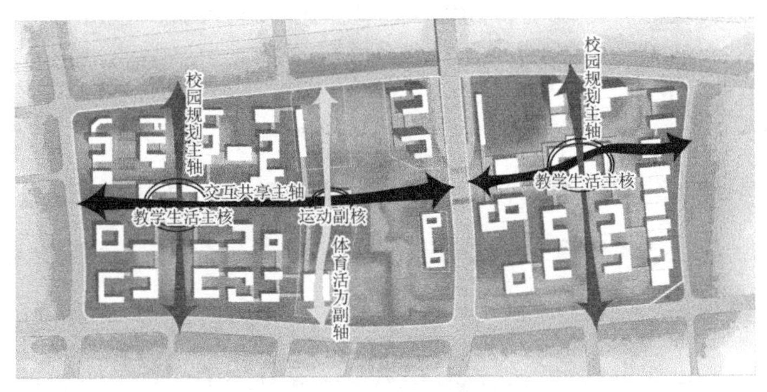

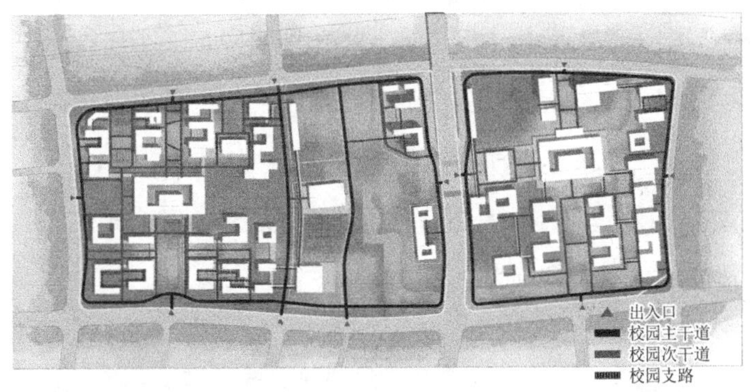

图 2.3-24　衢州两校规划结构，不同等级道路、绿地系统分析
（设计团队供图）

（3）步行道。高校步行交通有个非常大的特点，即上下课和换课时间会有大量人流，

针对这个情况，一般会设置线形步行道联系校园内各功能区块；同时，该步行区域需要结合组团绿地、沿街沿河绿地和景观节点小广场进行设计，保证师生上下课往返不同功能区块之间有良好的校园空间体验。

（4）停车场。与中小学停车场基本设置在地下空间不同，高校除了利用地下室及人防空间布置停车位外，还需要在场地合适的位置设置停车场，一般沿校园外环主干道设置，有利于人车分流，避免过多车辆进入校园内部。需要注意的是，具体在外环主干道哪个位置设置停车场，需要考虑人流到达目的建筑的便捷性。另外，可在具有对外交流联系属性的建筑功能区地面设置部分停车场，例如产教融合区和对外交流区等。

2.3.5 形体体块的建立

通过前期对场地和建筑规划的分步骤解析，基本确定了交通出入口、功能分区、总体空间关系和道路场地、景观环境等，此时一个学校的总图基本就形成了（图 2.3-25）。接下来，需要根据上位规划或设计任务书中对各功能面积指标的要求，确定每个功能区块的占地面积和建筑层数，进而得到整个项目的建筑密度、容积率和各单体的建筑高度。在这个阶段，建筑师不能局限于总平面的指标计算，也不能局限于一个经指标核实过的总平面布置图，更重要的是建立一个经指标核实过的整个校园功能区体块。这一点非常重要，通过对模型体块的建立（图 2.3-26），感知整个校园空间造型（包括入口空间，教学单元内主、次活动交往空间等），以及建筑体块是否合适，如果不合适，建筑师在总平面设计阶段就应适当调整，直到整体体块令人满意为止。

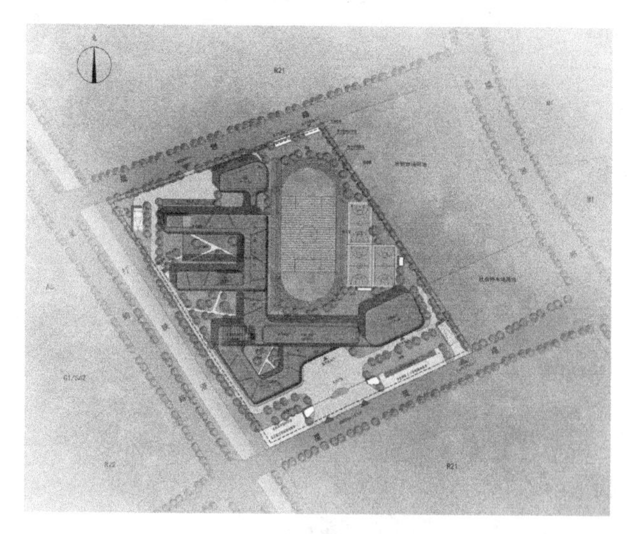

图 2.3-25　星桥第四小学总图

（图片为作者原创设计效果）

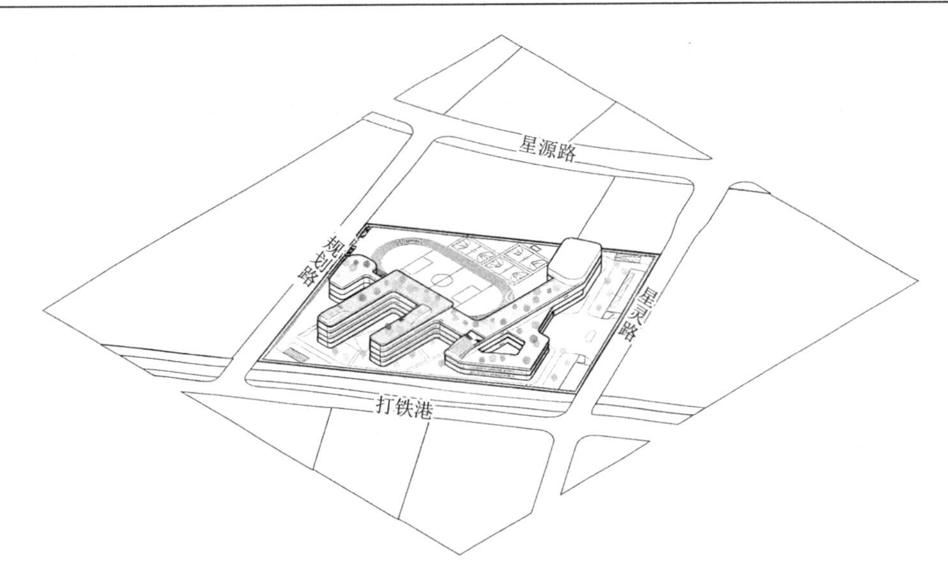

图 2.3-26　星桥第四小学模型体块
（图片为作者原创设计效果）

上述过程既是感性的，也是理性的。理性过程体现在每个建筑功能区块都有确定的面积及尺寸区间。例如，教学楼总面积及总长度、宽度首先受到场地实际情况和相关设计指标的约束，其中较为重要的设计指标包括在校生人数、人均教学使用面积等。通过相关指标测算可以得出教学楼总建筑面积，在此基础上，依据单间教室常见的开间及进深，可确定大致的教室间数及单间教室面积，进而确定教学楼平面在总图上的尺寸。以学生人数为 1000 人的全日制小学为例，按远期每班容量 40 人考虑，则需教室 25 间。若采取每层 5 间教室的外走廊集中式布局，且教室柱网尺寸按照 7.2m × 9.0m 考虑，则教学楼的总长度为 45m，总宽度为 9m（外走廊宽度按 1.8m 计算）。中小学教室尺寸及面积参考指标见表 2.3-3。

中小学教室尺寸及面积参考指标　　表 2.3-3

类别	容量（人/班）		序号	教室净尺寸（进深 × 开间，mm）	教室轴线尺寸（进深 × 开间，mm）	使用面积（m^2）	人均使用面积（m^2）	
	近期	远期					近期	远期
小学	45	40	1	6960 × 8760	7200 × 9000	60.97	1.35	1.52
			2	6660 × 9060	6900 × 9300	60.34	1.34	1.51
			3	7260 × 8460	7500 × 8700	61.42	1.36	1.53
			4	7860 × 7860	8100 × 8100	61.78	1.37	1.54
中学	50	45	1	7860 × 8460	7800 × 9300	66.50	1.33	1.48
			2	7560 × 9060	8100 × 8700	68.49	1.37	1.52
			3	8460 × 8460	8700 × 8700	71.57	1.43	1.59
			4	7260 × 9660	7300 × 9900	70.13	1.40	1.56

注：本表引自《建筑设计资料集（第三版）》第 4 分册。

感性过程体现在对整个模型体块的比例及尺度、与场地空间的关系、与场地周边建筑的关系等的安排，这个过程需要建筑师不断积累，提高自身对审美的认识，把握整个建筑在场地里的协调程度。

完成上述工作后，整个校园经过指标复核过的总图以及与之相匹配的模型体块都已经建立起来，建筑师可以进入平面设计和造型设计环节了，这两个环节并不是孤立的，而是互相影响，一般需要先排布出平面功能布置，然后依据造型对平面做适当的调整，以满足立面造型的需要，两者可以说是一个互相成就的过程。接下来笔者将结合自己在浙江省建筑设计研究院工作中的实际案例，分章节对平面设计和造型设计加以阐述。

第3章

平面设计

3.1 结构选型与柱网布置

教育建筑平面设计阶段首先要确定不同建筑功能的结构形式，一般学校建筑采用框架结构，部分功能会采用大跨度桁架结构，例如体育馆、报告厅等（图3.1-1）。确定建筑的结构形式后，应结合建筑的功能特点布置柱网，再根据柱网布置房间，此阶段需要注意如下细节：（1）柱和墙体的对齐关系，柱子是凸向房间还是凸向走廊，将呈现完全不同的室内空间效果；（2）房间进深应尽量保持一致，使走廊能够拉齐，避免空间凹凸的现象；（3）上下层墙体应尽量对齐，房间功能竖向布置上，尽量大空间对大空间、小空间对小空间（图3.1-2）。当碰到局部内部房间需要大空间无柱效果时，可以采用抽柱形式，此时可将该大空间单独于首层布置，或将该大空间布置在顶层，并在竖向布置在小空间的房间之上，应极力避免大房间上叠加布置小房间这种不合理的结构设计。

建筑层高对结构布置也有着较大的影响。建筑布局时，应尽量将同一层高的内部空间竖向叠放在一起，对空间高度不同的房间则尽量分开组织，不要叠放在一起，例如普通教室和普通教室垂直叠放，阶梯教室和阶梯教室垂直叠放。教育建筑常用柱网及层高参考指标见表3.1-1～表3.1-3（相关资料引自《建筑设计资料集（第三版）》第4分册）。

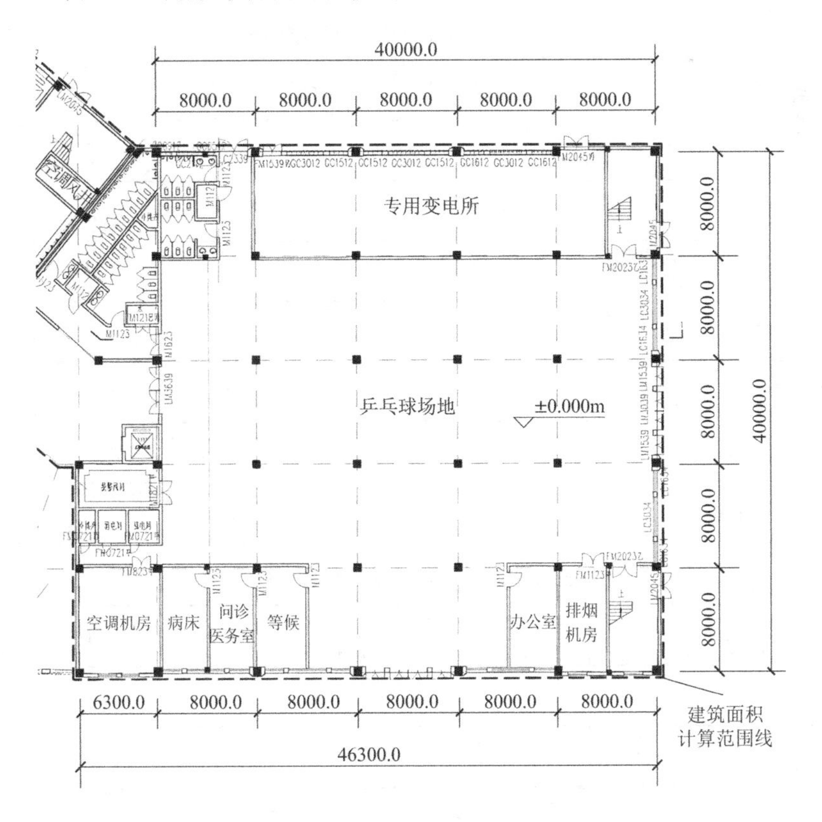

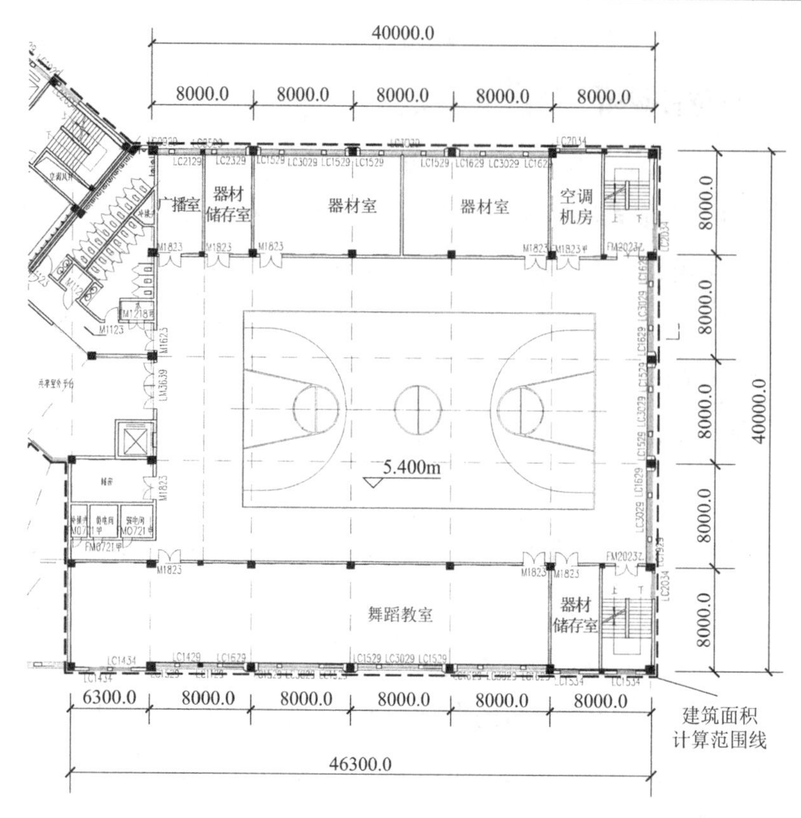

图 3.1-1 青田县华侨技工学校体育馆首层为框架结构，二层为篮球馆，采用大跨度钢结构体系（图片为作者原创设计效果）

各类教室常用柱网及层高参考指标 表 3.1-1

教室类别	使用面积指标（m²/座）	轴线尺寸（进深 × 开间，m）	层高（m）
30～40 人的小教室	1.8～1.5	6.5 × 9.6	3.6
50～60 人的小教室	1.5～1.4	7.8 × 10.8	3.9
80～90 人的中教室	1.3～1.2	8.4 × 13.2	3.9
100～120 人的中教室	1.2～1.1	12 × 12.6	4.2
150～180 人的阶梯教室	1.1～1.0	12.3 × 15.3	4.5
240～250 人的阶梯教室	1.0～0.9	13.7 × 21	4.8
300～360 人的阶梯教室	0.9	15 × 20	5.4

办公室常用柱网及层高参考指标 表 3.1-2

房间类别	轴线尺寸（进深 × 开间，m）	层高（m）
单间办公	(6～8) × 4	4.2
开放式办公	(8～10) × (10～20)	4.2

实验室常用柱网及层高参考指标　表 3.1-3

房间类别	轴线尺寸（进深 × 开间，m）	层高（m）
实验用房	(8～10) × (9.6～15)	4.2
开放式办公	(8～10) × (4.2～7.5)	4.2

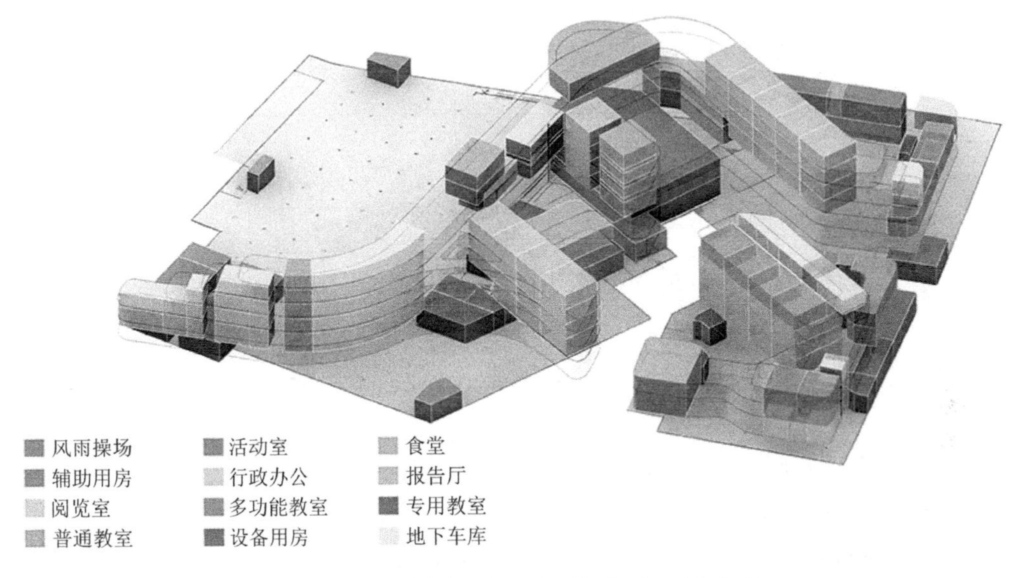

图 3.1-2　不同功能空间竖向对位布置，结构合理
（设计团队供图）

3.2 平面内部功能组成

在确定了平面的结构选型、柱网和层高之后，我们需要梳理每个功能区块的功能组成，即基本的功能模块包括哪些房间，并分析这些功能模块各自有什么特点以及彼此的关联性，从而进行建筑平面分区布置，确保分区明确且联系方便。此外，应分析功能的主次、内外、动静、洁污等方面的关系，使平面布局更为合理。

1. 幼儿园

幼儿园主要空间包括学生生活单元和音体活动室，次要空间包括厨房、办公室等。平面布局时应将主要空间通过主入口门厅、厅廊联系到达，次要空间特别是厨房可通过后勤入口、内部走廊独立到达，做到内外分区、主次分区、洁污分区（图 3.2-1）。

作为生活单元的寝室应布置在比较安静的部位；多功能音体活动室则应布置在阳光充足且与室外活动场所联系紧密的部位。这种动静分区明确的布局，符合幼儿园建筑功能的要求。

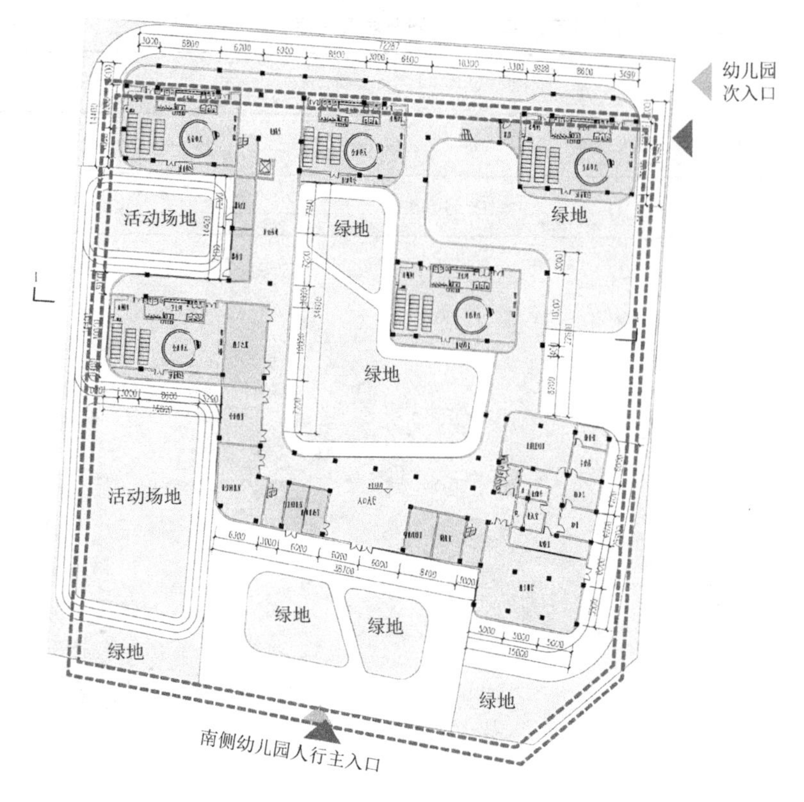

(a) 一层平面图

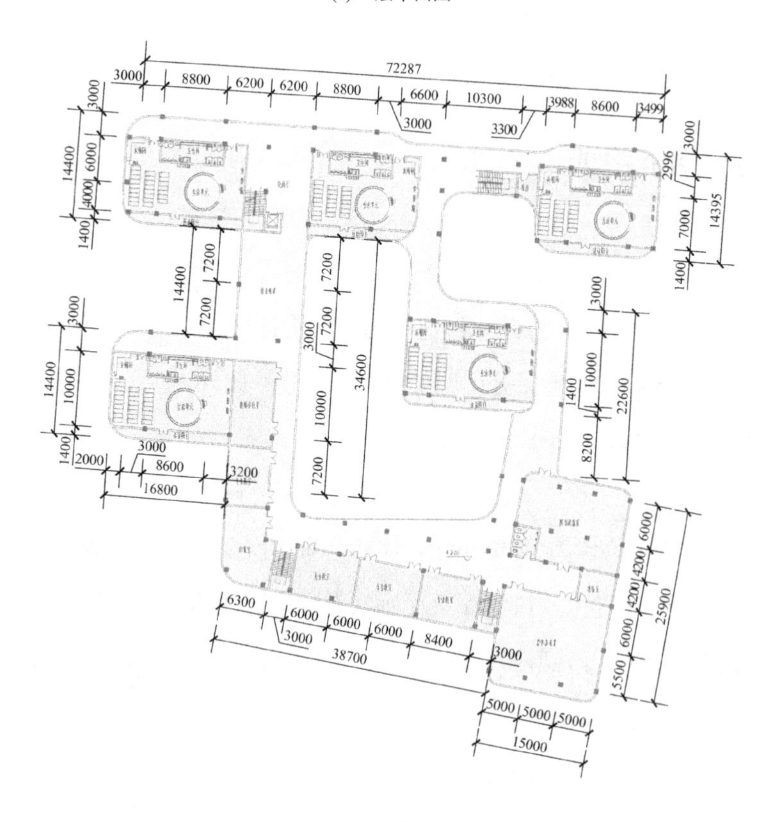

(b) 二层平面图

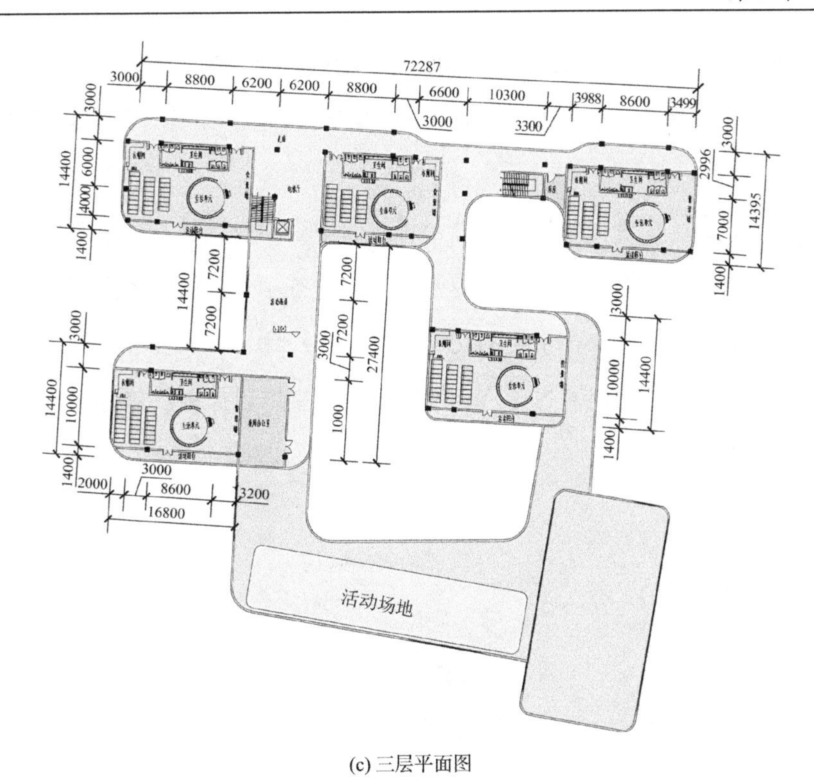

(c) 三层平面图

图 3.2-1　开化大鹏坞 15 班幼儿园平面设计，每层 5 个幼儿生活单元，设置交往联系空间；围绕中心绿地，其他教学、办公空间穿插其中，共同构成一个整体

（设计团队供图）

2. 中小学

中小学主要空间包括教学楼、综合楼内各类教室、实验室，以及实训室等，次要空间包括教师办公室、年级组教研室、休息室等，辅助空间包括卫生间、开水间、楼（电）梯间等。在平面布局时，对于各主次功能，应做到既有明确的区分，防止干扰，又要保持联系（图 3.2-2）。

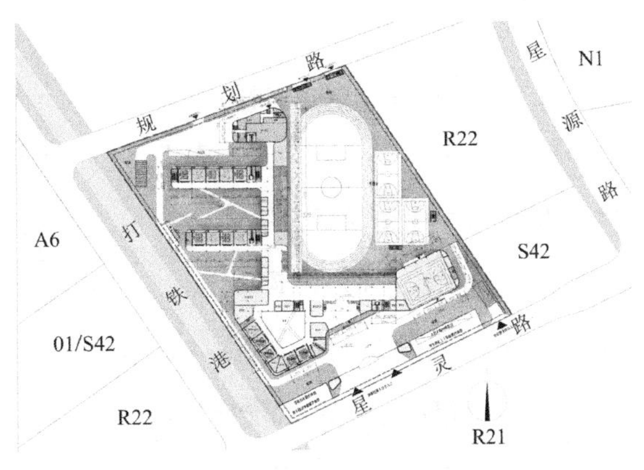

图 3.2-2　星桥第四小学首层平面图

（设计团队供图）

食堂、宿舍主要功能为餐厅、住宿间，次要功能为后厨区域和洗衣房、垃圾房等，在功能分区时应严格按照内外分区、洁污分区的原则进行布置，避免流线交叉、功能干扰。

除了对单个功能区块进行分析判断外，目前的中小学设计越来越多地采用综合体模式组织串联各个功能区块。因此，建筑师需要对中小学各功能进行整体把握，将报告厅、体育馆、食堂等嘈杂、会产生噪声干扰的功能布置在同一侧，尽量靠近操场部位，与各类教室、办公室等要求安静的功能通过中庭、厅廊分隔开来，以保证动静分区，满足教学功能的使用要求（图 3.2-3）。

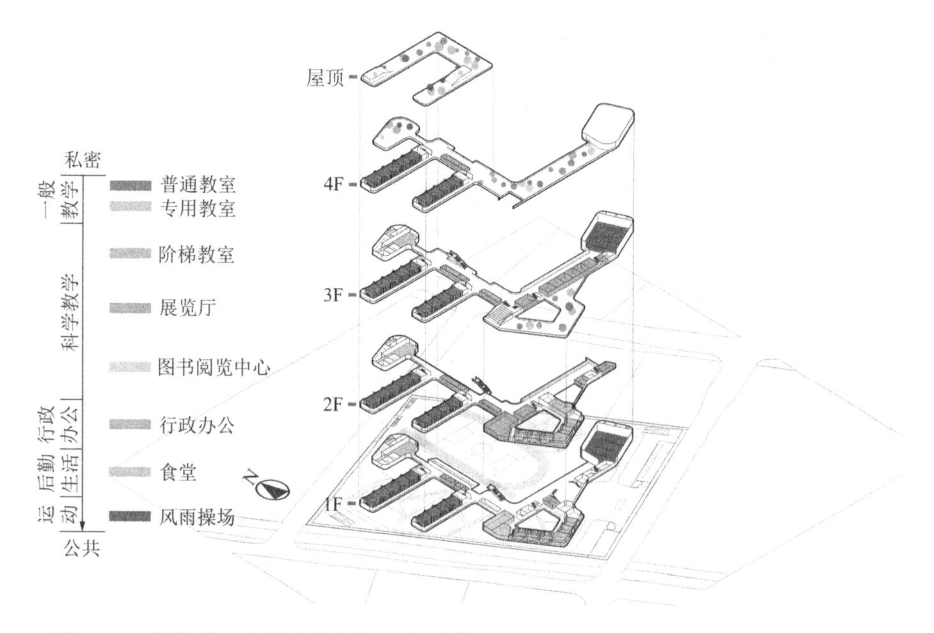

图 3.2-3　星桥第四小学功能拆解，各功能区块通过交通厅廊串联成一个教育综合体
（设计团队供图）

3. 职业学校、大学

与中小学不同，高校的图书馆和体育馆功能较为复杂、全面，体育馆基本可以达到独立对社会开放、承担比赛使用的要求。因此在平面布局时，要充分考虑功能的内外、主次、动静关系，合理分区，做到既互不干扰又联系方便。

高校图书馆基本功能包括各类阅览室、书库、门厅、出纳厅、馆员技术服务办公空间，以及多功能厅、展览厅等公共活动空间（图 3.2-4）。读者人流和馆藏办公人流要求内外分开，互不干扰，同时需保证阅览室的安静及私密性，因此应合理布置内区和外区、动区和静区。供外部读者使用的静区包括各类阅览室和研究室，动区包括门厅、出纳厅、多功能活动厅等；供馆藏办公人员使用的内区包括技术服务类用房和行政办公类用房。

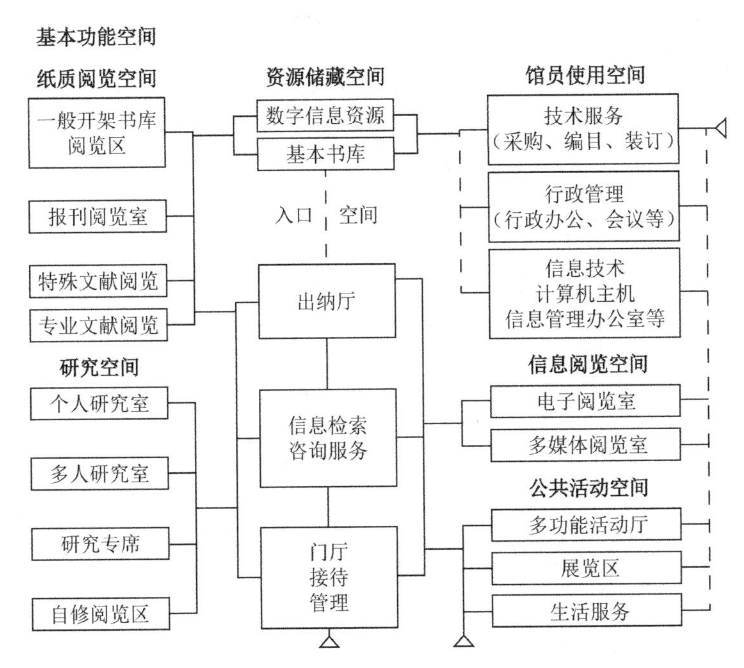

图 3.2-4　图书馆功能关系组成
（图片引自《建筑设计资料集（第三版）》第 4 分册）

高校体育馆基本功能包括场地区、看台区、辅助用房、训练热身馆等（表 3.2-1）。

体育馆基本功能组成　　表 3.2-1

序号	功能分区	具体功能性空间
1	场地区	比赛场地、缓冲区、裁判席
2	看台区	观众席、运动员席、媒体席、主席台、包厢
3	辅助用房	运动员用房、竞赛管理用房、媒体用房、场馆运营用房、技术设备用房、安保用房
4	训练热身馆	训练热身场地、健身房、库房

各功能空间有着明确的内外分区，一般将看台的观众区、包厢贵宾用房和服务于该区的厅廊、辅助用房划归为外区，将运动员、媒体工作人员和主席台贵宾用房划归为内区，内外分区应明确，流线清晰，不能有交叉。由于观众席的赛前赛后瞬时人流较大，通常采用平面分区和竖向分流的方式来组织平面布局和交通流线（图 3.2-5）。

高校公共教学类用房和生活类用房内部功能组成与中小学基本接近，包括普通教室、相关辅助用房、宿舍和食堂等，只是在尺寸规模上会有所不同，相关内容在前述结构选型柱网布置里已提到，这里不再赘述。

值得一提的是，高校各院系综合楼内的专业教室和实训中心，往往有着自己专业性的要求，内部空间布局需要模仿实际生产环境。部分实训科研室，等同于设置在校区内的工厂，可通过灵活隔断的教学空间实现理论与实践的结合（图 3.2-6）。

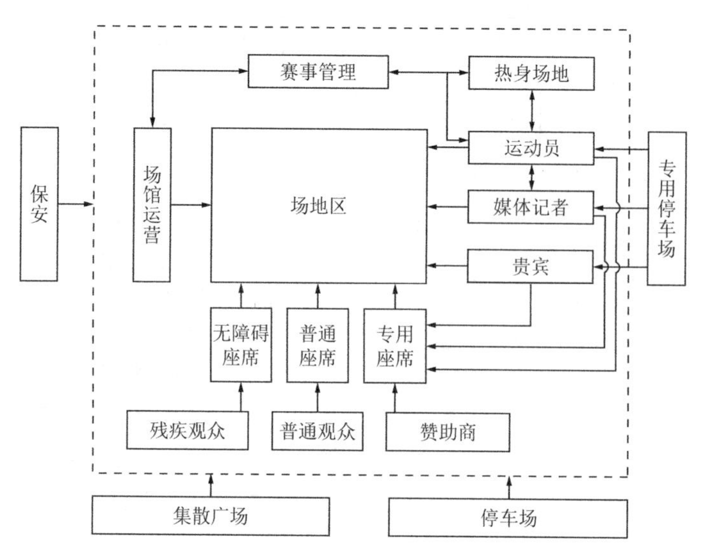

图 3.2-5　体育馆赛时功能与流线示意

（图片引自《建筑设计资料集（第三版）》第 6 分册）

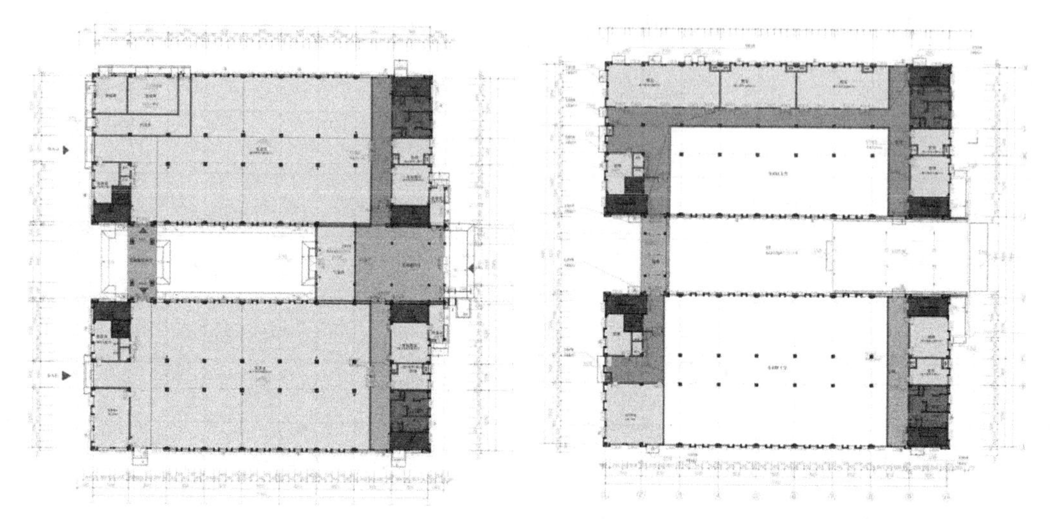

图 3.2-6　永康五金技师学院实训楼车间厂房平面示意图

（设计团队供图）

4. 其他类学校

与前述教育建筑相比，其他类学校除正常普通教室等教学用房外，还需结合自身教育的特殊需求，设置针对特殊人群或与教学相关的专用房间，如心理咨询室、解压室、康复训练室（图 3.2-7）等。

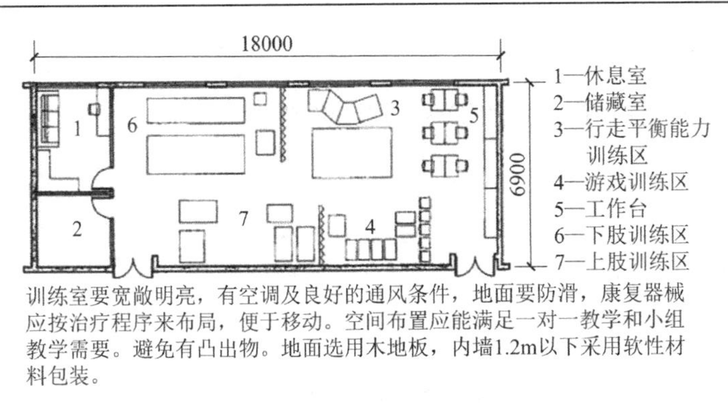

图 3.2-7　康复训练室平面示意图

（图片引自《建筑设计资料集（第三版）》第 2 分册）

3.3 主要教学空间形式

对于教育建筑来说，教学功能房间的空间大小是基本一致的，因此在教育建筑中的空间体验比较有规律性，建筑师需要在平面布局中，合理地植入一些辅助性用房、小品设施等，适当打破这种规律性空间所带来的沉闷感，使整个空间在统一中富有变化。

从教育建筑实际使用的需求出发，大多数教学使用空间形状都是矩形，平面比例多介于 1∶1～1∶2，可通过调节平面的长宽比例来满足实际教学需求。下面分别对不同年龄段教育建筑教室平面布置进行分析。

1. 幼儿园

幼儿园主要空间就是幼儿生活单元和音体活动室，其中幼儿生活单元有多种组合模式，活动室和寝室可以排列出多种组合方式，具体选择取决于用地形状及大小等实际情况，同时要兼顾卫生间、衣帽间使用的舒适性及合理性（图 3.3-1）。

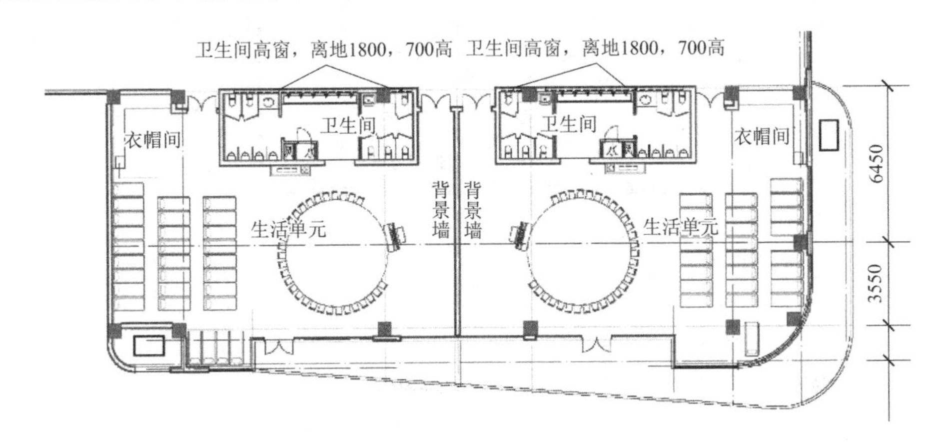

图 3.3-1　幼儿生活单元，活动室、寝室均南向布置，朝向采光均较好

（设计团队供图）

音体活动室应满足音体活动类需求，包括合唱、舞蹈等，要求空间比例合适，有较好的朝向，可以设置一定的辅助配套用房（图 3.3-2）。

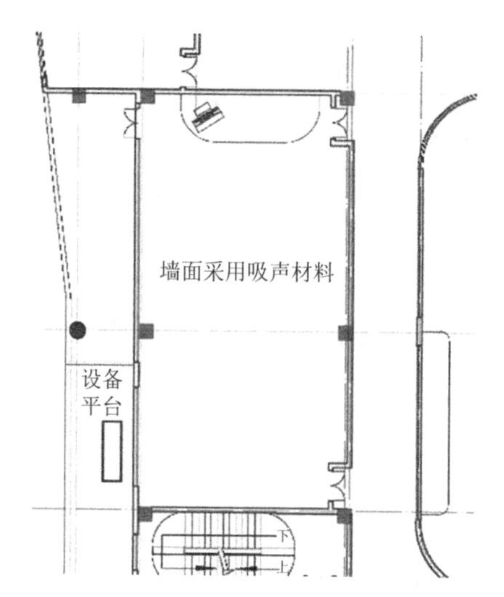

图 3.3-2　活动室墙面采用吸声材料
（设计团队供图）

2. 中小学

中小学主要教学空间包括普通教室及各类实验教室。相关平面布置形式如图 3.3-3 所示（图片引自《建筑设计资料集（第三版）》第 4 分册）。

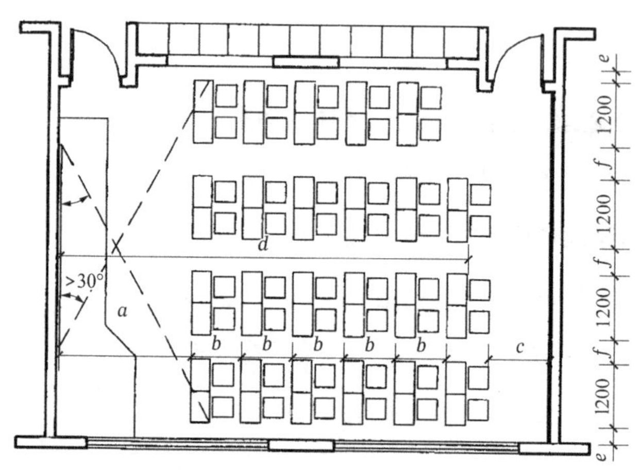

布置应满足视听及书写要求，便于通行并尽量不跨座而直接就座。

a >2200mm

b >900mm（非完全小学>850mm）

c >600mm

d <8000mm（中学<9000mm）

e >150mm

f >600mm（非完全小学>550mm）

(a) 普通教室平面布置

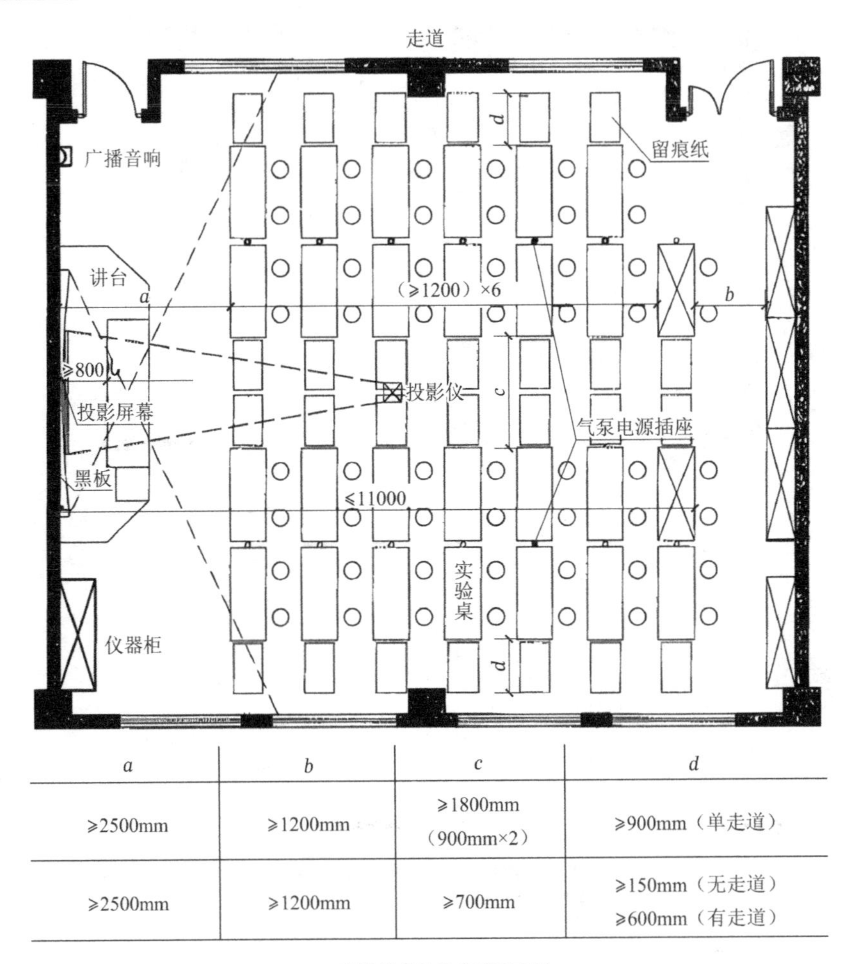

a	b	c	d
≥2500mm	≥1200mm	≥1800mm (900mm×2)	≥900mm（单走道）
≥2500mm	≥1200mm	≥700mm	≥150mm（无走道） ≥600mm（有走道）

(b) 理科类实验教室平面布置

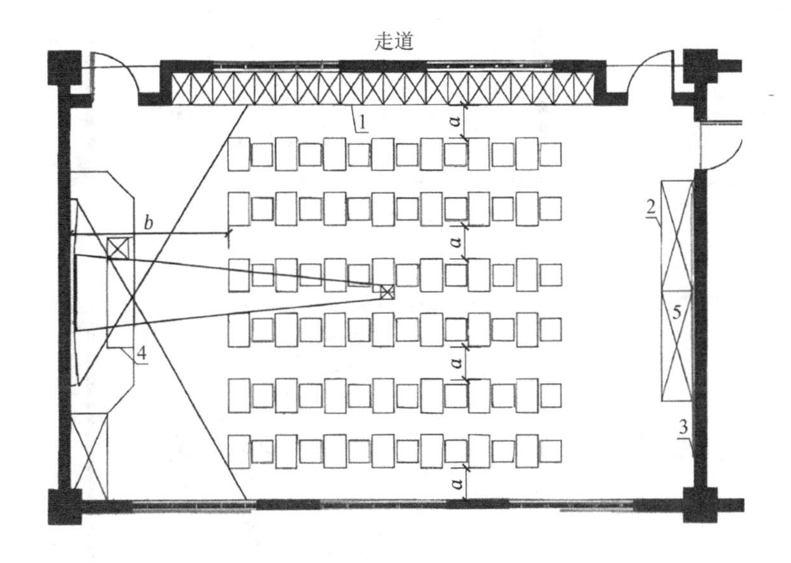

1—地球仪存放柜；2—标本展示柜；3—挂图板；

4—讲桌；5—资料储藏或陈列室；a—600mm；b—2200mm

(c) 文科类实验教室平面布置

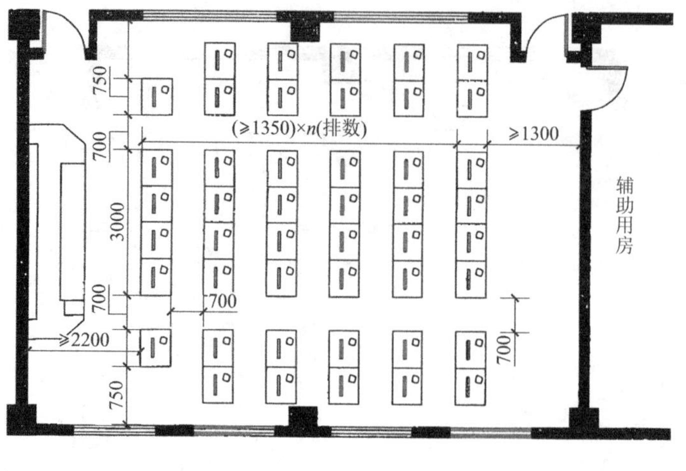

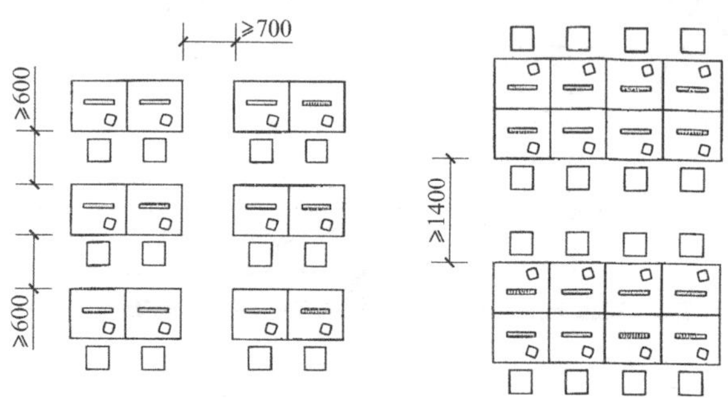

(d) 计算机教室平面布置

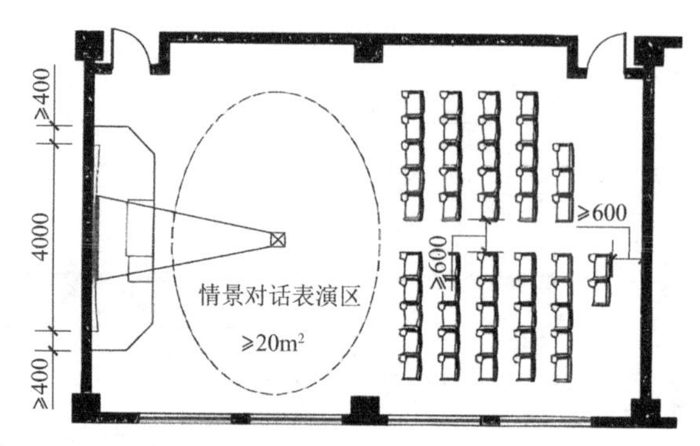

座位布置方式一

走道

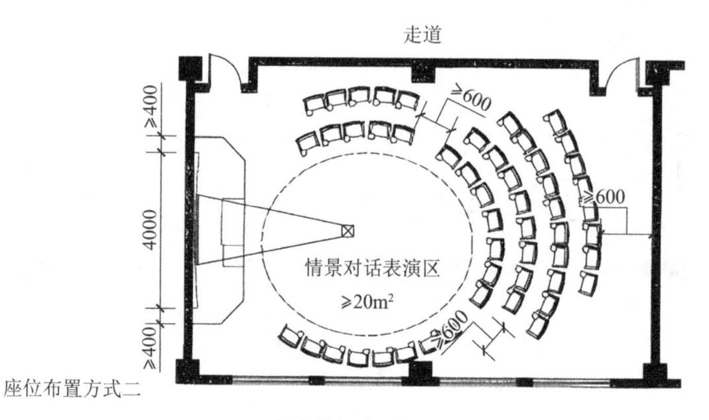

座位布置方式二

(e) 语言教室平面布置

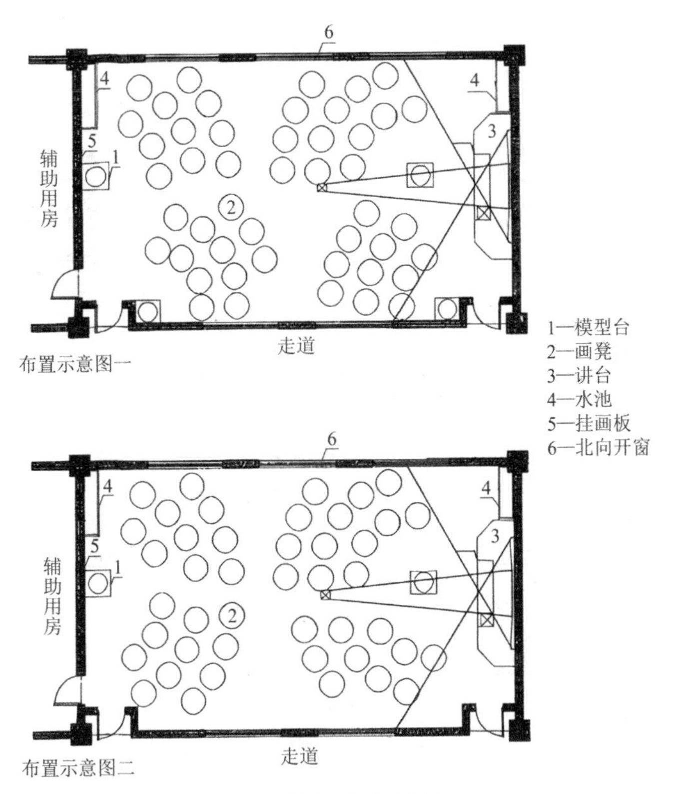

(f) 美术教室平面布置

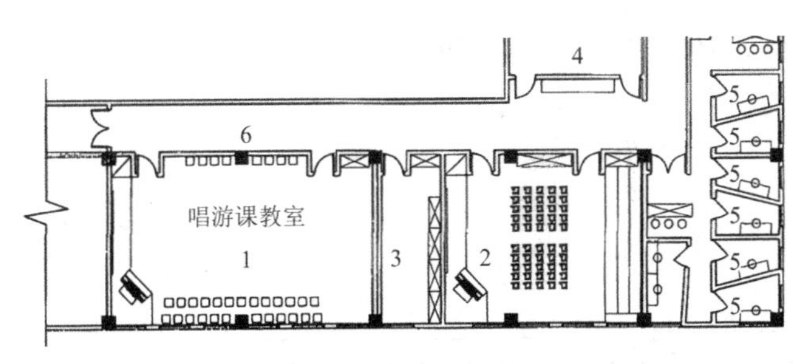

1—唱游课教室；2—普通音乐教室；3—教师办公室；
4—乐器存放室；5—琴房；6—隔声走廊

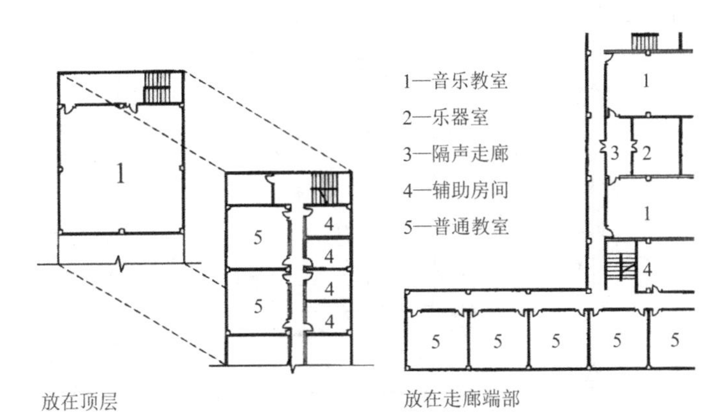

(g) 音乐教室平面布置

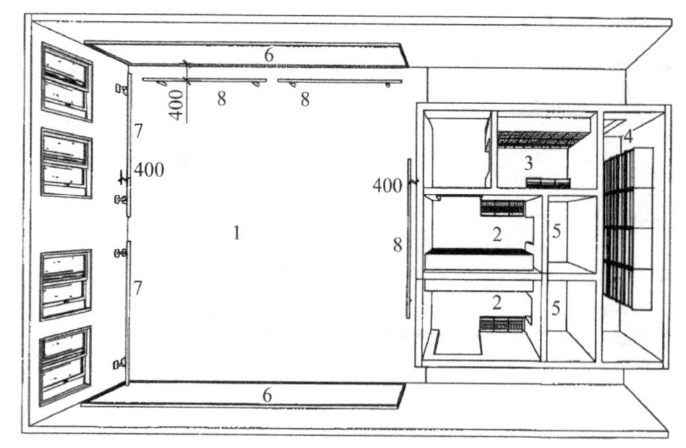

1—舞蹈教室；2—学生更衣室；3—教师更衣室；4—乐器存放室；
5—卫生间；6—镜子；7—固定可升降把杆；8—移动把杆

项目	场地长L（m）	场地宽H（m）	最小安全宽度（m）	净高（m）
自由体操场地	12	12	1	≥8
艺术体操场地	13	13	4	≥8
武术场地	14	8	2	≥8

(h) 舞蹈教室平面布置

图 3.3-3　各类教室的平面布置形式

3. 职业学校、大学

公共教学楼一般包括普通教室和阶梯教室，两种教室的平面布置形式如图 3.3-4 所示。

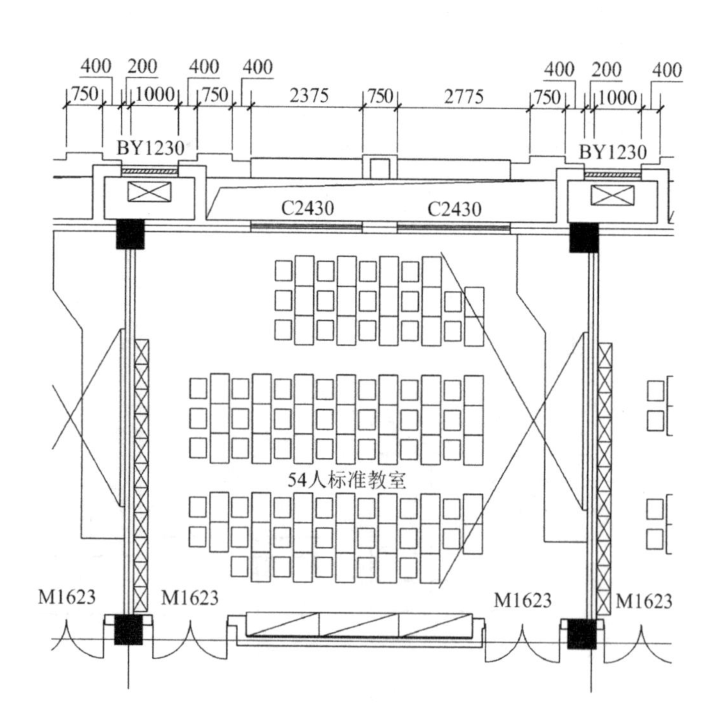

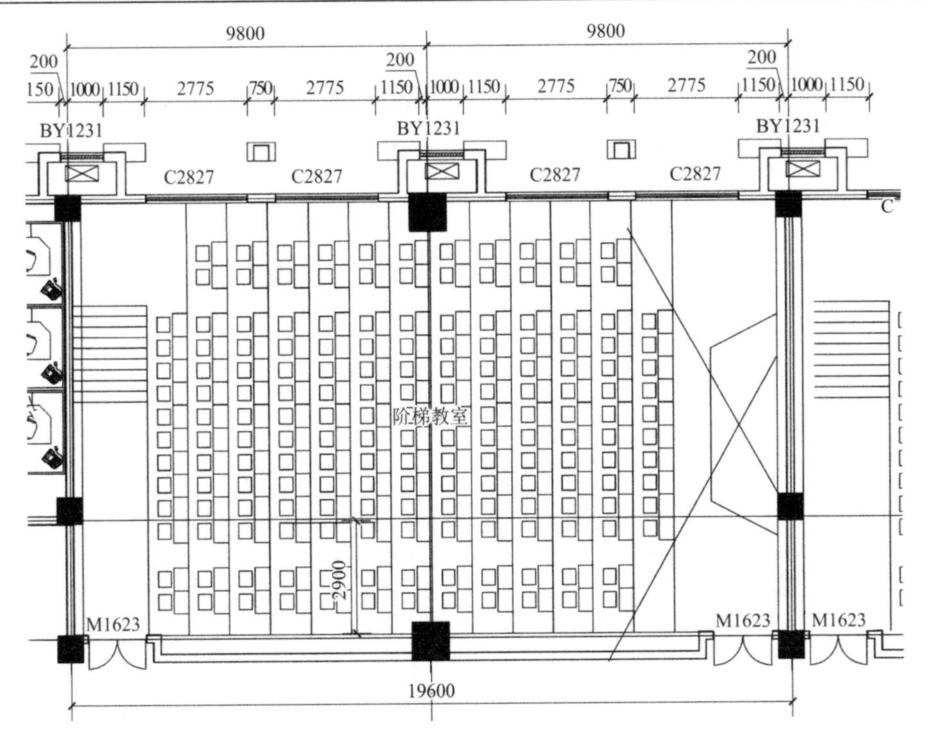

图 3.3-4　普通教室和阶梯教室平面布置形式

（设计团队供图）

职业学校和大学的院系教学空间主要包括专业实验室、专业课教室和实训室等，该类教室的设置往往具有很强的专业性，对空间的大小和形状有不同的要求，如图 3.3-5 所示。

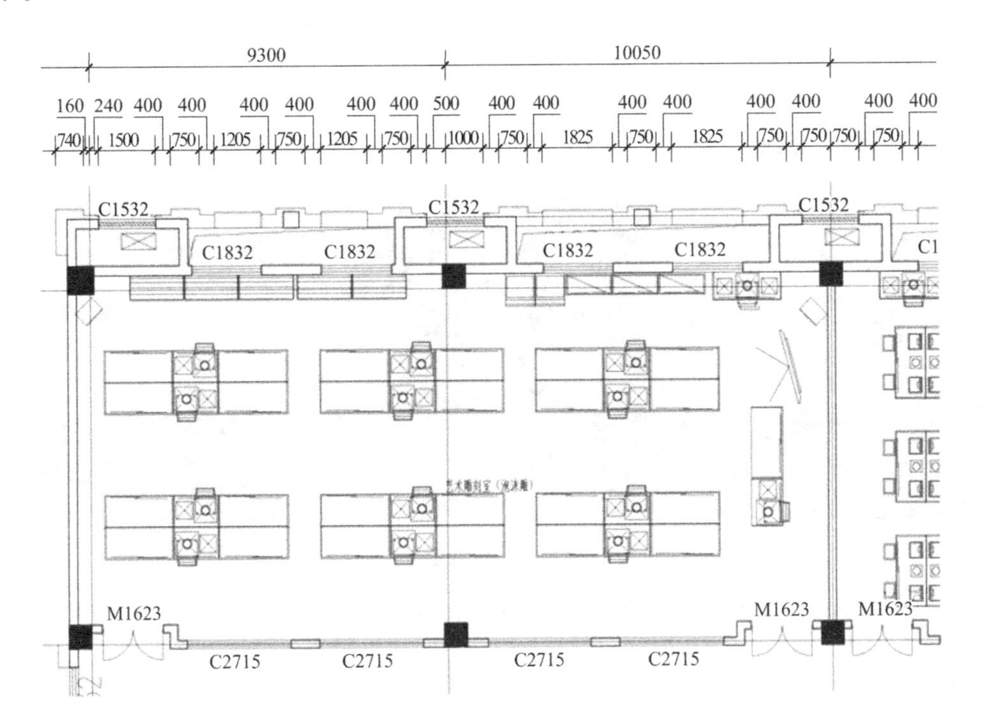

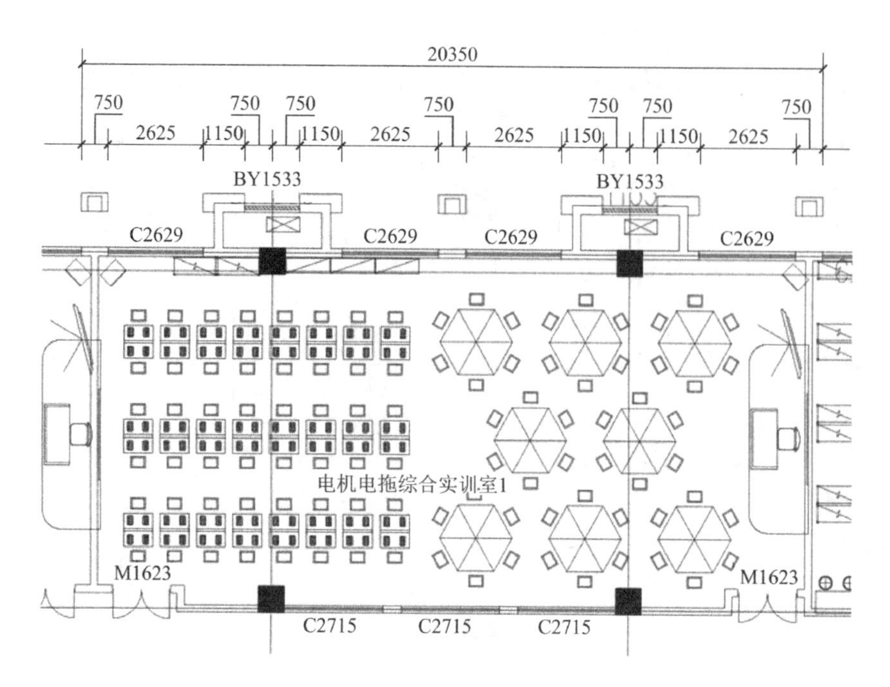

图 3.3-5　不同实训室平面布置形式
（设计团队供图）

3.4 平面交通空间设计

在确定了教学使用空间平面形式后，需要通过交通空间将各教学使用功能串联成一个整体。在教育建筑平面布局中，基本采用走廊形式将各主要使用功能和辅助使用功能连接起来（图 3.4-1）。需要注意的是，学校往往瞬时人流量较大，并且考虑到学生在课间游戏玩耍的实际需求，因此学校走廊宽度一般比较大，多设计成厅廊形式。

图 3.4-1　学校连廊

以上这种通过厅廊将具有相同功能的空间功能组合在一起的做法，是教育建筑（如教学楼、实训楼、宿舍等）平面布局中最常见的形式。

教育建筑也常通过庭院组合各建筑功能，围绕庭院布局形成一个围合式或半开放式单元，每个单元之间通过某种方式，例如走道，联系在一起，或通过单元体块之间的咬合相交等方式形成有序列的单元式平面布局（图 3.4-2）。

图 3.4-2　萧山区市心路初中，通过连廊、平台、庭院将各功能体整合成一体
（图片为作者方案阶段原创设计效果）

除以上所说厅廊、庭院组合平面布局外，教育建筑中常见的还有集中式布局形式，是一种由各单体功能的性质决定各建筑平面交通空间的布局形式。例如体育馆、报告厅、图书馆、食堂等，通常都有一个占主导使用地位的空间，其他次要空间围绕该主导空间布置，该类建筑次要空间的功能基本是门厅、过厅和相关辅助用房，通过交通空间的引导，直接进入主要使用空间。同时，在主要使用空间内部，也常通过通高的大厅或中庭来围合组合平面形式。教育建筑常见单体主要使用空间与次要使用空间如表 3.4-1 所示。

单体主要使用空间与次要使用空间　　表 3.4-1

建筑单体	主要使用空间	次要使用空间
体育馆	比赛场地、看台	门厅、厅廊
报告厅	观众厅、看台	门厅
图书馆	各类型阅览室	门厅、中厅
食堂	大空间餐厅	门廊

体育馆的看台一般围绕通高的比赛场地来组织平面布局（图 3.4-3）；各类型阅览室一般围绕通高的大厅，形成一个集中式的平面布局形式；报告厅和食堂都是通过门厅、门廊直接进入主要使用空间。

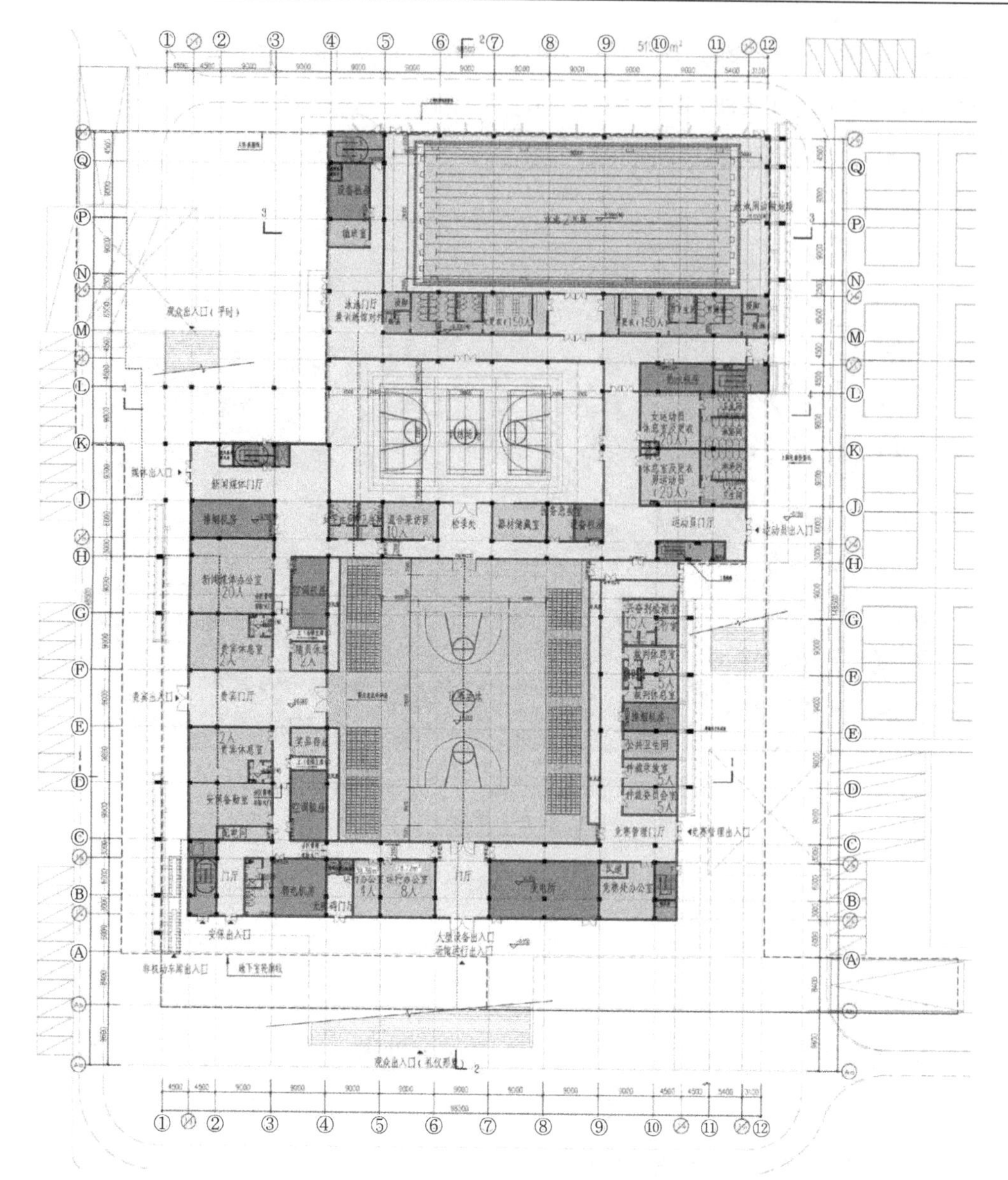

图 3.4-3　永康五金技师学院体育馆集中式平面布局示意
（设计团队供图）

综上所述，可以归纳出教育建筑平面交通空间联系形式主要包括以下三种；

（1）走廊或厅廊串联组合；

（2）走廊结合庭院组合形成围合状或半开放的单元式平面布局；

（3）通过门厅直接引导连接主要使用空间的集中式布局。

在交通空间设计过程中，建筑师需要结合学生的日常活动需要，尽量为学生设计创造若干开放的共享交流空间，供学生驻足、休息和交流，此时的厅廊不仅承担着交通功能，还成为学生课间交流学习、放松休闲的一个好的去处（图 3.4-4）。同时，这类开放空间还应结合教学单元间的庭院设计，从而获得较好的景观视野。

图 3.4-4　活动交流空间，厅廊及屋顶平台
（设计团队供图）

3.5 竖向交通空间设计

竖向交通空间主要包括楼梯、电梯、大台阶等垂直方向上的交通联系空间（图 3.5-1）。楼（电）梯一般结合辅助使用空间形成一个整体布置，并且设在平面的角落位置，这一方面可以保证主要使用空间的完整性，另一方面有利于保持疏散距离的均衡。从消防疏散的角度来看，楼梯的数量不仅要满足消防距离的要求，楼梯间宽度还需要结合整个建筑内的学生人数规模来确定，以满足疏散宽度的要求。

关于楼梯间形式的选择，一般教学建筑多在 5 层以内，若采用单走廊的外廊式平面布局，则可以采用开敞式楼梯形式，甚至将开敞楼梯间布置在单走廊的外侧或靠近庭院处，在承担疏散和上下交通联系功能的同时，还起到丰富造型、使空间跳跃的作用。中走廊形式的多层教学楼或宿舍需要采用封闭楼梯间；建筑高度大于 32m 的高层建筑还需要采用防烟楼梯间，并设置防烟前室。

与竖向疏散密切相关的另一个平面功能布局问题是，通常应将人流量较大的功能布置在下层，人流量小的布置在上层，因此我们会发现教育建筑一般将报告厅、合班教室设在裙房首层，就是出于人流疏散方面的考量。

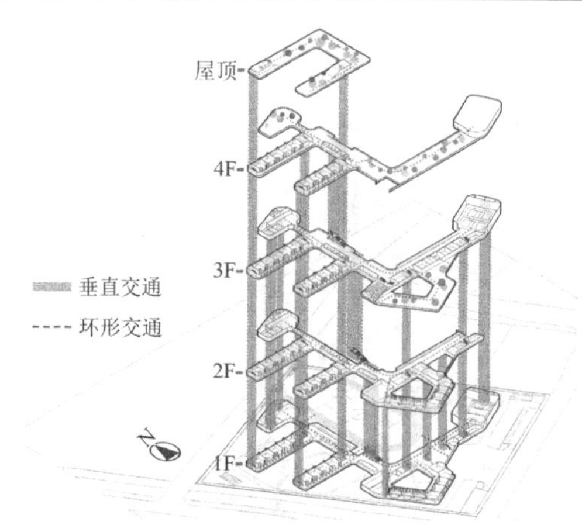

图 3.5-1　星桥第四小学竖向交通流线分析
（设计团队供图）

大台阶是个比较特殊的竖向交通联系空间，一般在食堂、体育馆应用较多，有时为形成某种入口效果，在一些主要建筑中也会有所运用，例如综合楼面向主入口形象面，可将大台阶结合主入口造型一起整体设置（图 3.5-2）。细节处理方面值得注意的是，大台阶一般宽度较大，需要在中间设置扶手，以满足安全疏散的需要，也可在中间结合造型设置花坛。此外，不同于室内交通楼梯，大台阶的每个踏步宽度都较大，踏步的整体斜率也比较缓和。

图 3.5-2　大台阶同时起到造型和疏散的作用
（上图为方案阶段作者原创设计效果）
（下图为竣工后作者拍摄）

电梯在公共建筑设计中应用较多，教育建筑也不例外，一般包括客梯、货梯、餐梯、污梯等。高职院校实训楼需要考虑进出较大货物机械，一般货梯尺寸较大，电梯井道的开间及进深需要考虑留到 3m 以上，承载量达到 3t 以上；食堂后厨空间需要同步考虑货梯、餐梯和垃圾间内污梯的设置。

3.6 辅助使用空间设计

教育建筑设计中，教学实训区和宿舍区的辅助使用功能主要包括教师休息室、年级组办公室、开水间、卫生间、储藏室、设备间、垃圾间等，一般布置在平面的角落隐蔽位置，以保证主要使用功能的空间完整性。其中，卫生间布置应设置前室，做到干湿分离，洁具数量也应满足规范要求；开水间常与开放空间结合设置，或者与卫生间相邻形成一个整体；教师休息室和年级组办公室的设置则应考虑教师上下课到达的便捷性。

对于食堂、体育馆、图书馆这类单体建筑，本身就有比较明确的内外功能分区，其辅助使用功能包含两层含义，一是对外分区，如卫生间、休息室、小卖部等，二是内部功能区块里的辅助使用功能，如食堂的库房、加工间、烹饪间等，这些内部辅助使用功能往往有着自身单独的使用流线，并且不是一条内部流线，而是多条内部流线，例如，食堂后厨使用空间的进货流线、加工烹饪操作流线、垃圾污物流线等，建筑师在辅助使用功能落位上要严格做到洁污分流、互不交叉（图 3.6-1）。

图 3.6-1　永康五金技师学院食堂一层平面布置示意

（作者供图）

图书馆内部使用流线包括馆藏书籍技术服务流线（如采购、编目、装订等）和工作人员行政办公流线。体育馆内部使用流线较为复杂，包括运动员流线、媒体工作人员流线、赛事管理人员流线、贵宾流线等。建筑师在进行辅助使用功能排布和空间落位时，要充分考虑这些流线的独立性以及彼此的联系，做到各功能分区既相互独立，又可以通过交通空间联系和管理。

第 4 章

造 型 设 计

4.1 概述

教育建筑的立面造型设计与总平面布局和平面设计有所不同，总平面布局是一个相对比较理性的过程，更多地考虑使用的合理性，而立面造型设计则是一个感性和理性交织的过程。一方面，建筑立面是平面功能的反映，当建筑内部功能需要较多采光的时候，我们很难选取一个较为实体的墙来做这个建筑的外墙，换言之，建筑立面设计要能够满足平面内部功能需求，这是建筑师需要理性思考的地方；另一方面，建筑造型设计本身也必然遵循着美学的一个基本要求，包括主从与重点、均衡与稳定、对比与微差、虚实与进退、比例与尺度、韵律与节奏、色彩与质感等。当我们通俗地认为一个建筑好看的时候，建筑师要能够从内部构成去剖析这个建筑为什么“好看”，而这个过程就离不开对这些美学基本要素的分析。

除了感性判断建筑美感外，笔者仍然希望给建筑造型设计梳理一个理性的思考过程，以供建筑师参考。通常，建筑造型设计按逻辑顺序大致分为以下几个步骤：建立初步体块→对体块进行细化→对体块赋予材质→立面表皮设计。

（1）建立初步体块

这一步在前述总体布局已经提到，即已经有一个符合面积指标的基本的建筑体块轮廓。

（2）对体块进行细化

这一步非常重要，需要对体块进行造型的处理，包括退台、咬合、切割、推拉、穿插、挖洞等体量加减过程，从而丰富建筑形体，使体块更加丰富、有层次，建筑形体更加符合建筑美学的要求，在整体统一中寻找变化，达到变而不乱的效果（图 4.1-1）。

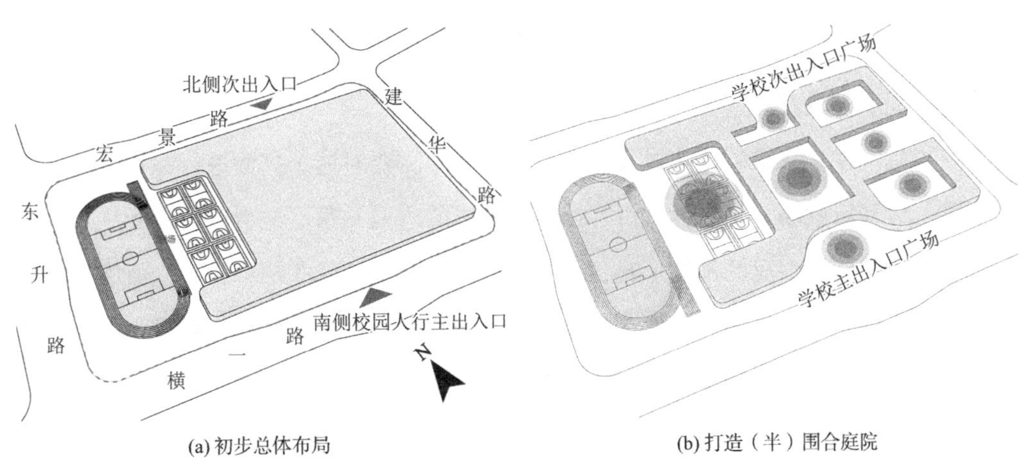

(a) 初步总体布局　　(b) 打造（半）围合庭院

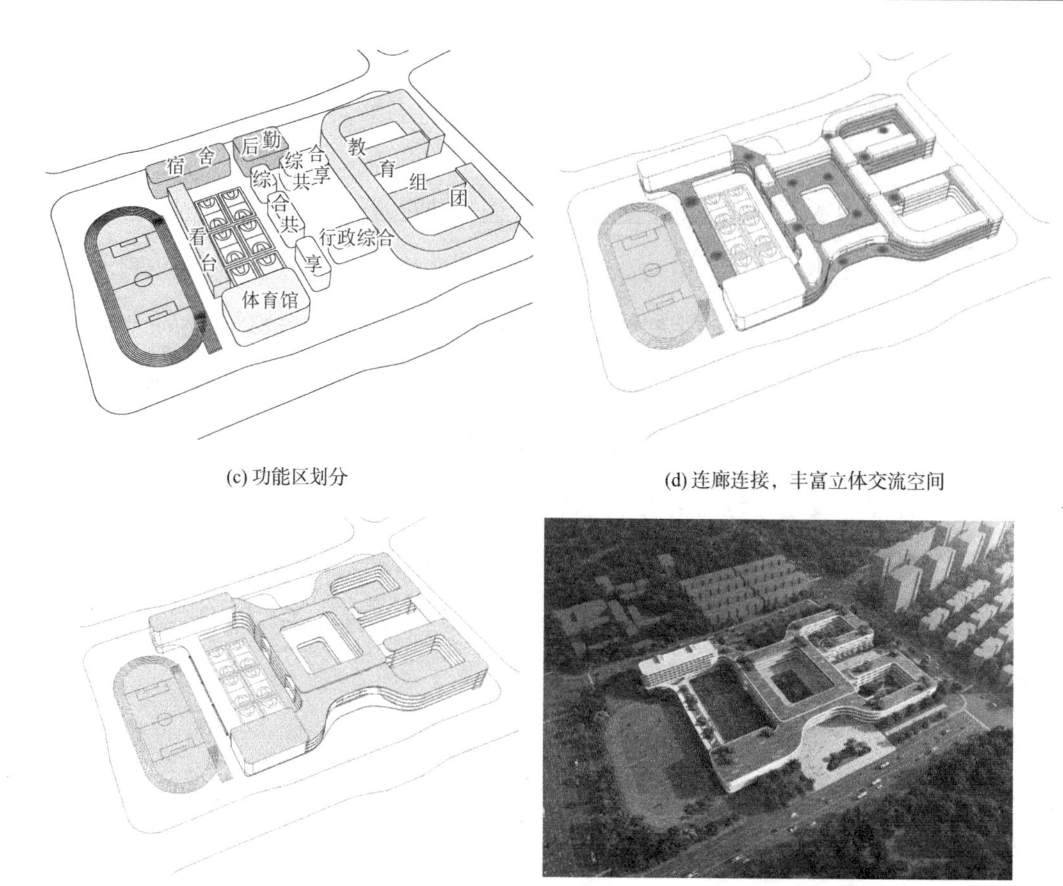

(c) 功能区划分

(d) 连廊连接，丰富立体交流空间

(e) 多层次立体绿化

(f) 最终形体效果

图 4.1-1　新湾街道九年一贯制学校体块生成过程
（设计团队供图）

（3）对体块赋予材质

体块细化完成后，就可以对各个体块赋予材质，不同体块间可以体现材质的变化。在这个过程中，一般首先确定虚实关系，即哪个面或体量是玻璃，哪个面或体量是实墙；其次，对实墙部分考虑采用什么材质、色彩，玻璃部分考虑对玻璃怎么分隔。不同的材质、色彩、分隔都会给人以不一样的感受。

（4）立面表皮设计

这一步基本就从三维的体块过渡到二维的立面了，要对这个立面进行深化设计，包括开窗形式、可开启大小、是否设置百叶、窗户与梁的进退关系、是否有窗台线、实体材质的分隔等，以及砖块表皮的砌筑形式、石材大小与组合等，这些都会影响立面最终的呈现效果。这一步也是深化立面细节设计的过程，决定了整个建筑立面是否耐看。当完成这一步后，建筑立面的形象就基本确定了。本文接下来将从全龄段教育建筑的形体特征入手，分析在教育建筑造型设计中有哪些特有的造型元素以及与之相对应的创作手法或思路。

4.2 教育建筑的形体特征

不同建筑类型有着自己的建筑特征，而教育建筑根据适用年龄段的不同以及建筑类型的区别，各自又有着非常鲜明的特征。

4.2.1 幼儿园

幼儿园面向的人群主要是 3～6 岁的小朋友，建筑多呈现一种明快、活泼的外立面形象，常采用圆形、弧形这一类几何元素，尺度上会更亲切，以与小孩子的比例相适宜（图 4.2-1）。色彩方面，通常可以做一些调色，在建筑外立面使用明快、鲜艳的颜色。户外爬梯、坡道、平台等多作为建筑造型的元素，也可起到活跃空间层次的作用。

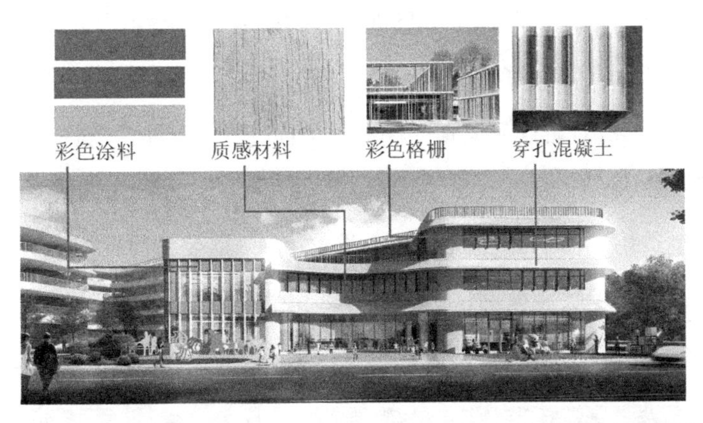

图 4.2-1　天城单元 12 班幼儿园立面材质，在造型上运用了圆形、弧形等几何元素
（设计团队供图）

整个建筑，包括一些构筑物的尺度都应与小孩子相适宜。尺度对应的是建筑的体量感，在幼儿园建筑设计中，不适合使用过高、过大的建筑体块构件。材质方面，可以选用一些亲切宜人的材料，例如木材、砖墙、艺术漆等，通过材料及色彩上的搭配，活跃学校的气氛，创造一个阳光、活泼、开放的校园环境。

4.2.2 中小学

与幼儿园相似，中小学教育阶段也是要激发学生的创造活力，鼓励创新，在造型上也鼓励引入一些活泼的元素，包括色彩上和形体上的活跃，并会与一些公共空间相结合（图 4.2-2）。但相比幼儿园，中小学功能较为复杂，不同功能楼栋的建筑形体特征差别较大，包括教学楼、综合楼、食堂、体育馆等。

图 4.2-2　星桥第四小学入口效果，造型上引入一些活泼元素，通过色彩的跳动，起到活跃立面的效果
（图片为作者方案阶段原创设计效果）

1. 教学楼

主要考虑教室外窗的开窗形式，多呈现为有韵律的节奏关系，同时可利用楼梯间、卫生间和一些开放的活动空间来打破这种韵律可能带来的单一感，使整个教室外立面在统一中又富有变化（图 4.2-3）。临教室走廊一侧的外立面，建筑形体常与栏杆、柱子相结合；也可通过走廊的局部放大，形成可供学生活动、交流的空间，并通过材质和色彩上的反差突出这些空间从而创造出丰富的外立面效果（图 4.2-4）。需要注意的是，与教室相连的走廊通常采用开敞式，因此走廊靠教室这一侧的外墙仍然是外立面建筑形象之一，除了传统的教室门窗元素外，还可以利用坐凳、书架等元素来丰富这一侧的立面形象。

图 4.2-3　四堡七堡单元 36 班小学，中轴街利用楼梯、连廊创造出一个层次丰富的内街空间效果
（图片为作者方案阶段原创设计效果）

图 4.2-4　利用门厅、厅廊的内凹，局部放大后形成可供学生活动、交流的空间
（图片为作者方案阶段原创设计效果）

2. 综合楼

从内部功能分析，综合楼包括行政办公室、会议室、图书阅览室、报告厅等。由于内部功能较为多样，有些功能可能以单独一栋建筑形体出现，有些则可能是组合出现。这类建筑形体呈现的效果往往较为丰富，并且这类建筑多位于整个学校的核心位置，体现整个学校最重要的外立面形象（图 4.2-5～图 4.2-7）。因此，建筑师需要通过形体、材质、色彩、细节各方面来重点打造，精心打磨。形体变化方面，既可以通过体块的穿插咬合、推拉切分等加以丰富，也可以表现得干净简洁，例如一个纯粹的几何形体（方形、圆形等），同时配合采用单一材质，可强调干净、简洁的形体效果。若是不同体块的加减组合变形，则可以用材质和颜色的搭配对应体块的变化，达到统一和谐的视觉效果（图 4.2-8）。

图 4.2-5　永康五金技师学院主楼
（图片为作者方案阶段原创设计效果）

图 4.2-6　衢州职业技术学院
（图片为作者方案阶段原创设计效果）

图 4.2-7　新湾街道九年一贯制学校入口形象，面向学校主入口，
在两轴交会的核心位置设置图书馆、报告厅等，推敲形体材质变化以突出主体
（图片为作者方案阶段原创设计效果）

图 4.2-8　嘉兴三中入口架空效果
（图片为作者方案阶段原创设计效果）

立面表皮的处理也要与内部功能相对应。例如，阅览室需要良好的采光，外立面就应尽量多开窗户，南向可以结合百叶，保证光线柔和；报告厅需要较为封闭的环境，其外立面可以一种较为实体的形式出现，如需要创造虚实对比，可以通过外廊和高窗来实现。总之，建筑设计时不可能抛开内部使用功能来谈立面造型的美观。

3. 食堂、体育馆

这类建筑与教学楼、综合楼有较大不同，其对外功能都是大开间性质，包括餐厅、看台和比赛场馆等，立面处理手法有着较大的创作自由度，不需要考虑教室开间或墙体隔墙会对外立面造成影响。设计师可以通过体块的虚实进退关系、材质色彩的对比、体量的均衡与尺度的对比、立面开窗的韵律与节奏变化等美学规律来创造一个丰富的建筑外立面形象（图 4.2-9）。

中小学不同的建筑风格有着不同的造型特色，例如新中式、新古典、现代风格等，但都有着一些共性的特点，例如教学楼、综合楼一般呈现一字形或者围合形的体量，体育馆或食堂则是一个完整的形体。现代教育强调以人为本，聚焦全面发展的素质教育，培养学生创造性理念，校园要体现开放包容的特点，因此在建筑造型上，无论是哪种风格，我们都看到现代中小学越来越多地呈现一种教育综合体的形态，将不同功能的教学、行政、报告厅、阅览室、体育馆、食堂、宿舍通过开放的连廊、平台或庭院，串联整合在一起，学生们在这个教育综合体内，可以方便、快捷地到达任何一个功能区块（图 4.2-10）。因此，对于建筑外立面造型，可通过立体的多维度的连廊、平台（甚至是层层退台）、楼梯等与建筑主体一起创造出丰富的虚实变化的外立面。

图 4.2-9　嘉兴三中外立面形象

图 4.2-10　学校下沉庭院，与地下一层家长等候区相连接

（图片为作者方案阶段原创设计效果）

4.2.3 职业学校、大学

职业学校、大学的建筑形态与幼儿园和中小学明显不同，主要差异在于学校的体量及尺度方面，作为成人建筑的空间尺度，在色彩选用上，较少采用明快艳丽的跳色，偏向于稳重、成熟、大方的配色体系。由于高校建筑规模整体较大，无法完全像中小学那样形成一个整合度较高的现代教育综合体的形态，但一般会通过风雨连廊、活动平台、屋顶花园等将各功能单体串联在一起，使师生能够在校园内风雨无阻地到达各个功能区块（图 4.2-11），这是高校建筑的一个发展方向，同时可使整个学校的造型更为丰富，空间形式多样。

图 4.2-11　衢州市技师学院鸟瞰，项目通过风雨连廊、活动平台等将各功能连接成一个整体
（图片为作者方案阶段原创设计效果）

图书馆、综合楼一般是整个校园的标志性建筑，作为校园整体规划轴线交会的聚焦点，通过校园入口广场的引导，人们的视觉焦点最终都汇聚于此，因此其造型需要重点打造，包括体块的推敲、材质的组成、立面比例的划分等。设计师需要从体量高度、体块进退虚实、材质构成等方面精心打磨，在有限的造价里重点打造图书馆、综合楼，突出其在整个校园的地位，提升整个校园的层次（图 4.2-12）。

现在的高校与社会产业的联系越来越紧密，很多产教融合一体实训楼内部多是厂房、实验室，具有车间的功能，外观形态基于专业性教学的特点，多呈现社会产业园的形式，因此宜构建相对封闭的实训场所与开放性外部空间相结合的校园形态（图 4.2-13）。

图 4.2-12　永康五金技师学院综合楼主楼
（设计团队供图）

图 4.2-13　永康五金技师学院实训楼，该实训楼与社会培训产业紧密联系，产教融合，产城互动，呈现社会产业园的形式特征
（设计团队供图）

此外，高校体育馆、游泳馆等校际体育运动场所，大多有承担社会体育赛事的要求，因此高校整体规划设计时，一般会打造一个体育文化休闲公园，与社会共享并有独立的出入口。体育馆外立面形象多呈现社会类竞赛场馆形态，考虑到体育馆瞬时疏散人流较大，一般利用大平台和较宽的室外疏散楼梯来进行建筑造型创作，同时创造出体块的虚实进退关系，使大平台之上的比赛场馆呈现相对完整的形态（图 4.2-14）。外立面的材质构成宜完整、统一，或者与玻璃、百叶等构成虚实变化，但对于比赛场馆这种相对完整的体量形态，

材质构成尽量不要超过3种。在体育馆内，比赛场馆屋顶可设置天窗，通过天窗形式的变化和不同形式的排列组合，构建丰富的第五立面。

图 4.2-14　永康五金技师学院体育馆
（设计团队供图）

4.2.4　其他类学校

其他类学校针对不同的特殊人群，其立面风格也不尽相同。例如，党校是专门针对国家党员干部培训的党政机关单位，兼具政治属性和文化属性，其建筑立面形式应体现红色精神，外立面以端庄典雅、大气稳重的形象为主，外立面开窗应注重窗户的比例划分，保证立面形象能够突出重点。值得一提的是，党校的主楼形象需要与主入口广场相结合，通过大气的、具有仪式感的主入口广场来衬托主体建筑庄严、亲切的立面形象（图 4.2-15）。在材料选用方面，可以采用红砖、石材、真石漆、涂料等，营造一种质朴而不失稳重的立面形象。同时，还应结合当地地域文化特色，运用本地材料和建造技术，打造具有地域文脉的红色建筑形象。

图 4.2-15　中共泰顺县委党校东南侧鸟瞰
（图片为作者拍摄）

培智学校面对的人群年龄段与中小学类似，整体建筑立面外观与中小学基本接近，只是更加注重细部的设计，特别要根据这些特殊儿童的不同需求，通过色彩和材质的变化，增加空间的辨识度，增强儿童对特定空间的记忆力。无障碍设计的坡道应与建筑造型相结合；同时，增加无障碍通道和大面积彩色塑胶地面可提高安全性，增强辨识度，体现校园的亲和性（图 4.2-16）。宽阔的活动平台、架空的交通厅廊、开放可达的中庭广场等不同维度的开放空间，可帮助这些特殊孩子们进行户外交流和学习，增强他们的自信心。建筑整体造型设计要从培智学校人群的特殊需求出发，通过明快的色彩配比、不同质感的材料搭配、户外活动交流空间的配置、无障碍细节的设计，打造一个安全、健康、人性化的学校。

图 4.2-16　桐庐县培智学校形象
（图片来自网络）

4.2.5　全龄段教育建筑特征小结

幼儿园多利用生活单元的复制来形成有韵律的外立面节奏，同时可通过音体活动室实现形态上的变化，并通过门窗洞口、阳台、单元外廊等创造出外立面虚实进退变化的效果。

中小学一般利用教室厅廊、阳台、窗户、楼梯、百叶等元素，创造出一个有韵律节奏感且虚实变化丰富的外立面形象。职业学校、大学的体量及尺度较大，外立面更趋成熟、稳重及多样化，其外部造型应与内部功能相契合。其他类学校需要体现其特殊性，例如培智类学校需要体现对特殊人群的关爱，加入更多人性化的特殊考虑，包括无障碍设施的配置和空间辨识度的增强等。党校建筑应通过对现代材料的运用，以稳重的体块感，展现庄重、典雅的红色学府外立面形象。

4.3 教育建筑的造型元素

通常，我们做建筑造型时首先会考虑在建筑立面上开窗，以及立面开窗的形式和大小，或考虑对现代建筑立面表皮采用幕墙的设计；再深入一步，可能会考虑横向和竖向的遮阳杆件。但正如前文在造型设计步骤中所提到的，二维的立面表皮其实是最后深化设计时需要考虑的细节，首先还是要把控整个建筑的体块、材质及尺度，尤其是对体块造型的推敲。笔者基于多年来在浙江省建筑设计研究院的教育建筑创作，总结出七大造型元素，以阐述教育建筑造型设计中，可以用来作为亮点的体块造型设计元素。分述如下。

4.3.1 运动场

与传统教育建筑不同，运动场已经融入现代教育建筑设计的整体造型，作为整个教育综合体中的一部分，这一点在中小学建筑创作中体现得尤为明显（图 4.3-1）。高校偶尔也会采用户外连廊、活动平台等将运动场看台纳入整个学校的空间体系。

图 4.3-1 萧山区市心路初中鸟瞰效果，看台、运动场与整个学校造型融为一体
（图片为作者方案阶段原创设计效果）

运动场看台整合到学校空间体系后，将成为校园交流互动空间的一部分，并成为举行校园活动的重要场所。围绕运动场一圈，除设置看台外，可通过多维度的垂直设置，如坡道、楼梯等，打造一个充满活力的户外活动空间（图 4.3-2）。学生们在课间，可以从教学空

间通过连廊、平台方便地来到运动场。连廊两侧还可设置大量的户外活动交流设施，使学生们可以驻足停留，增加互动。

图 4.3-2　嘉兴三中俯瞰效果
（图片为作者方案阶段原创设计效果）

围合运动场空间的材质和颜色可以是丰富多样的，除了传统的栏杆外，还可以设置绿化矮墙、金属墙、混凝土柱廊等，使运动场的看台和跑道成为校园重要的展示舞台。

4.3.2　共享平台

现代学校由于教育方式的转变，重心逐渐从“教”转向“学”，鼓励学生用更加积极、交流、开放的学习方法认知事物，学习知识。为适应这种以学生为本的教育趋势，现代校园越来越注重开放式的共享空间设计，不再局限于设置成某种房间的形式，而是与户外空间相连通，以共享平台的形式出现，从而鼓励学生探索未知，更好地自主学习。

在萧山区市心路初中的方案设计中（图 4.3-3），笔者通过设置多维度的共享平台，结合垂直绿化、生态花园，意图在城市环境中打造一所森林学校，鼓励学生走出去，在户外空间中积极探索大自然，从而激发创造力。

现代教育建筑设计时，可通过共享平台将校园不同功能区整合为一个有机的整体，即现代教育综合体，共享平台因此成为师生到达各个功能场所的交通中转，也是学生课间放松游玩、交流学习的主要场所（图 4.3-4）。

共享平台作为学校建筑造型的主要元素，可采用不同的深化造型处理手法，包括各层平台退台、交错、堆叠、悬挑等，通过造型演绎的细化，结合材质颜色的变化，可使整个学校建筑造型更加错落有致、丰富动人。

图 4.3-3　萧山区市心路初中共享平台设计
（图片为作者方案阶段原创设计效果）

图 4.3-4　萧山区市心路初中鸟瞰
（图片为作者方案阶段原创设计效果）

4.3.3　楼梯

传统建筑中，楼梯间大多位于平面的端部或者靠近入口的门厅处，仅作为满足平面消防疏散和交通通行要求的设施。在现代教育建筑设计中，楼梯不仅是用来竖向联系的交通空间，更多的是被视为一个有趣的、仪式性的、公共性的空间形式，例如元成中学面向操场的楼梯采用开敞的楼梯形式，特殊的挑板造型使楼梯成为人们的视觉焦点，打破了通长连续栏板带给人们的沉闷感和单一感。

直跑楼梯、旋转楼梯等特殊的楼梯样式也是在教育建筑设计中较常用的设计造型语汇，用来连接上下不同标高的平台和厅廊。例如，设计采用连续的直跑楼梯，其错层连接的线性楼梯可打破水平向连续的横向线条感，突出建筑不同方向的层次，使整个建筑体块显得更加丰满，并丰富建筑的外立面造型。同时，也极大地增加了空间的趣味性，如图 4.3-5 所示，这些空中楼梯穿越不同的高度，连接不同维度的教学空间，师生们得以便捷地穿越其中。

图 4.3-5　通过楼梯来丰富建筑的造型设计，增加建筑空间的趣味性和层次性
（图片为作者方案阶段原创设计效果）

宽阔的大台阶作为一种特殊的楼梯形式，通常在设计中仅用来连接局部某一层，交通联系不是其主要功能，多作为人们休闲交流或聚会用的公共场所。这种大台阶一般采用缓坡和台阶相组合的形式，或台阶和看台相结合，在材质上则主要运用绿坡和木材等，力图创造亲切宜人的感觉，使人们愿意驻足休憩或交流学习（图 4.3-6）。

图 4.3-6　安吉“两山”讲习所，建筑与绿坡台阶相结合
（朱周胤供图）

中国科学技术大学高新园区的建筑规划设计中，设计师就在大连廊的各个人流汇聚的焦点处设置了旋转楼梯、大台阶、绿坡等多样化的楼梯形式，既便于连廊与地面之间的联系，也通过层次丰富、形态不一的连廊造型，打破了较长维度单一线形空间带来的沉闷感（图 4.3-7）。

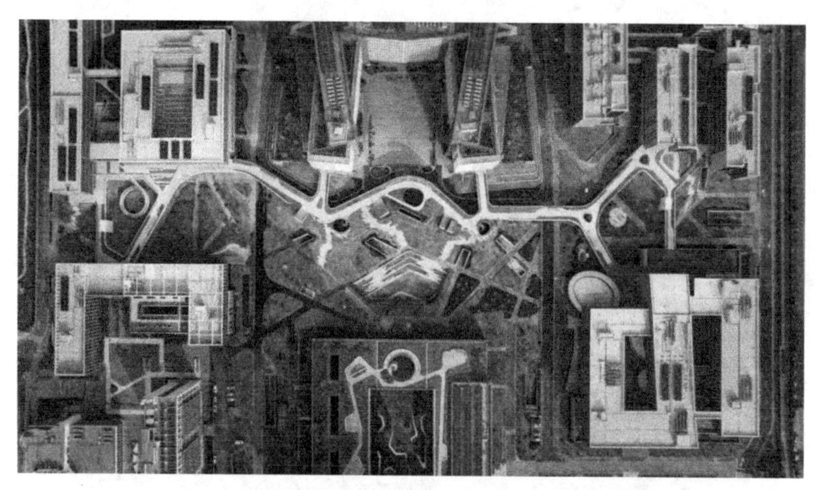

图 4.3-7　中国科学技术大学高新园区大平台连廊俯瞰效果
（图片来源于网络）

4.3.4　立体多维度连廊

在幼儿园、中小学校园设计中，通过在竖向不同高度和平面不同位置设置立体多维度连廊，可将不同功能性空间及共享平台串联为整体，打造成一个教育综合体。这些空中连廊增加了建筑的空间层次感和纵深感，丰富了建筑造型，同时也为师生穿越校园提供了便捷的流线。

在四堡七堡单元 36 班小学设计中，笔者将普通教室单元和体育馆、行政楼在不同高度和不同方向进行串联，连廊与体块之间的倒圆角与建筑体块的圆角边相呼应，为整个学校的中轴线增添了层次，也方便了师生在不同功能区之间的联系（图 4.3-8）。

在高校建筑设计中，由于高校强调学科贯通和资源共享，因此，如何将多学科不同组团有机、自然地联系在一起，形成一个跨组团交叉融合的校园共享平台，成为建筑师必须要面对的问题。通常情况下，建筑师会通过风雨连廊或架空共享平台的方式，将整个校园内的各功能区整合在一起，使师生可以风雨无阻地往返于生活区和教学区。

衢州职业技术学院和衢州市技师学院的方案设计中，笔者利用风雨连廊和架空平台将各功能区块整合在一起，并通过设置绿化、景观座椅等，为师生提供一个可游可憩的场所（图 4.3-9）。

图 4.3-8　四堡七堡单元 36 班小学多维度连廊
（图片来源：丘文三映摄影）

图 4.3-9　衢州职业技术学院和衢州市技师学院整体鸟瞰效果
（图片为作者方案阶段原创设计效果）

中国科学技术大学高新园区建筑规划设计中，建筑师非常大胆地设置了一条贯穿南北的公共连廊，该连廊与景观体系相结合，成为校园整体空间环境的一个有机组成部分（图 4.3-10）。

图 4.3-10　中国科学技术大学高新园区整体效果
（图片来源于网络）

采用立体多维度连廊体系的设计，整个学校的建筑造型会因连廊的加入而变得尺度更加宜人、亲切，特别是这类连廊通常不是单纯的交通步行系统，更多的是与校园绿化及景观小品相结合，在做到人车分流，保证师生可以安全便捷、风雨无阻地到达各建筑单体的同时，也丰富了师生在整个校园空间中的行走体验。

4.3.5　下沉空间

现代建筑整体空间造型设计，已不再局限于传统的建筑单体的造型，或者是几个单体连接的建筑群落造型，而是要从场地出发，对建筑以及建筑所围合的空间场地进行整体推敲，确定最终的建筑风貌，形成立体多维度的建筑空间造型，这就包含了下沉空间的设计。传统意义上的地下空间（就是我们常说的地下室），通常用来布置车库和设备用房，但在现代学校规划设计中，地下或半地下空间已经成为学校功能空间和丰富建筑造型的重要组成部分。例如，在校园半地下空间设置体育馆，使凸出地面部分成为地面景观的一部分，或是成为建筑造型的一部分；构建地景建筑，同时作为学生交流活动的休息平台；休憩用的坐凳既是景观小品的一部分，也可以是体育馆屋顶的采光天窗（图 4.3-11）。

高校生活区常利用生活区广场的下沉庭院设置商业服务空间；教学区多利用公共空间结合下沉庭院设置户外剧院或阶梯式活力看台，围绕下沉庭院还可以设置各类活动室、报告厅和多功能厅等（图 4.3-12），丰富建筑场所三维造型的同时，也将下沉空间打造为激发校园活力的场所。

图 4.3-11　利用地下室凸出地面的采光窗设置休憩坐凳，作为景观小品的一部分
（图片为作者方案阶段原创设计效果）

图 4.3-12　围绕下沉庭院设置各类功能性空间
（图片为作者方案阶段原创设计效果）

此外，还可以采用通高的中庭，结合造型楼梯、景观树木等设置大小不一的下沉院落，丰富空间层次。中小学常会利用这类下沉庭院作为学生上下学接送等候区，例如四堡七堡单元 36 班小学设计中，笔者在地下室靠近家长接送车位处设置了等候大厅，围绕大厅设有一个下沉庭院，一方面，有利于采光，改善下沉空间的使用舒适性；另一方面，孩子们从教室通过下沉庭院到达家长接送等候大厅，流线便捷、安全（图 4.3-13）。

图 4.3-13　四堡七堡单元 36 班小学中轴街内景，
下沉庭院、空中连廊、直跑楼梯构成了一个空间丰富的中轴街
（图片来源：丘文三映摄影）

4.3.6 屋顶

从传统意义上说，屋顶是比较消极的空间，但是现代校园通过对屋顶进行积极的设计，包括设置屋顶花园、屋顶活动平台等，可形成一个丰富的第五立面，同时增加了孩子们活动的空间，他们可以在屋顶上游戏、运动、聊天、学习、聚会等。

在萧山区市心路初中方案设计中，笔者通过屋顶深化设计，界定出屋顶花园和硬质铺地，与地面露台等绿化活动空间共同构成校园整体绿化景观环境，结合景观小品，使屋顶融入师生的教育活动中（图 4.3-14）。

图 4.3-14　萧山区市心路初中鸟瞰效果
（图片为作者方案阶段原创设计效果）

在元成中学的方案设计中，建筑造型层层堆叠，创造出不同高度的屋顶活动平台，并在平台上设置绿植和跑道（图 4.3-15、图 4.3-16）。活动平台和教室紧密联系，方便学生们出入，大大提高了户外活动的效率。同时，这些活动平台堆叠交错，构成了特有的建筑体块感。

图 4.3-15　围绕庭院设置多维度平台、连廊
（图片为作者方案阶段原创设计效果）

图 4.3-16　屋顶上设置绿植、跑道，丰富学生们的户外活动空间
（图片为作者方案阶段原创设计效果）

4.3.7　第五立面

在前述“屋顶”小节已经提到，建筑设计常利用屋顶花园、屋顶活动平台、屋顶景观小品设施、太阳能光伏板等来构成建筑的第五立面，如图 4.3-17 所示，衢州市技师学院方案设计中，笔者利用屋顶层空间的形态特点，设置了太阳能光伏板，满足自身使用需求的同时，也活跃了建筑的第五立面。但这些还不是全部的造型处理元素，本小节更想讲述的是下面这个第五立面造型处理手法。

图 4.3-17　衢州市技师学院，屋顶采用光伏板
（图片为作者方案阶段原创设计效果）

在现代建筑设计中，建筑形态时常会打破建筑屋顶的传统固有界面，模糊屋顶与建筑立面的界限。例如，在电子科技大学长三角研究院（衢州）生活中心设计中（图 4.3-18），通过改变屋顶的形式，使其以一种倾斜的形态与地面衔接，并且在屋顶上设置连续跌落的漫步道，创造了学生从地面游走到屋顶的路线，改变了人们对传统屋顶是建立在四个墙面上的固定认知。在衢州职业技术学院体育文化公园内，体育活动中心的屋顶以绿坡的形式从地面隆起，同时设置看台和休闲座椅、步道，使建筑在公园内与景观融为一体(图 4.3-19、图 4.3-20)。通过这种对地形的轻微改造，模糊了建筑的体量感，创造了一个与公园相融合的地景建筑。

图 4.3-18　长三角研究院（衢州）生活中心
（图片来源于网络）

图 4.3-19　衢州职业技术学院体育文化公园鸟瞰效果
（图片为作者方案阶段原创设计效果）

图 4.3-20　体育文化公园内建筑与环境融为一体
（图片为作者方案阶段原创设计效果）

传统设计中，屋顶与墙面、地面是完全分开的不同界面。但在上述案例中，通过对屋顶造型的处理，模糊了屋顶与墙身立面的关系，通过坡道、绿化、台阶的组织，使之与地面自然过渡，整个建筑造型与地形的关系更加密切，并创造出了一个奇特有趣的步行空间体验。

总体而言，通过对建筑造型的处理，使整个建筑屋顶形态发生变化，创造出不同于传统屋顶界面的第五立面，是建筑师在造型元素处理时可以考虑的一个设计手法。

4.4 造型设计策略分析

前文笔者结合自己在一线设计院的实际工程，分别从学校建筑造型生成步骤、不同年龄段学校的形式特征、空间构成元素等方面探讨了教育建筑创作过程中对造型设计的思考，以及从感性的建筑美学的角度出发，结合空间行为学，创造出丰富多变的建筑空间造型。本节从设计策略、理念的角度出发，分析教育建筑的造型设计创作，解析建筑造型与特定的空间地域、人文环境、受众人群之间的逻辑关系，从而使我们的建筑形体在创造形式空间美的同时，有更强的逻辑支撑；或者，我们可以这么理解，一个建筑的生成有其自身内在的严谨逻辑性，以此推导生成的建筑结果，其形式往往也是美的。

四堡七堡单元 36 班小学和 12 班幼儿园设计中，笔者针对幼儿园和小学生这个低龄段学生人群的特点，将调色盘理念引入建筑造型创作中，把建筑形体切分成若干个大小不一的"调色盘"，同时用立体多维度连廊联系不同"调色盘"，整合成一个校园活力综合体（图 4.4-1）。在形体深化设计过程中，通过材质和颜色的跳跃变化，使"调色盘"更加丰富动人，其本身圆润的转角造型对低龄段学生也非常友好，可鼓励学生在这些圆润空间内去主动地探索、发现，刺激他们发现自我，提高思考的能力。

图 4.4-1　从空中俯瞰，四堡七堡单元小学及幼儿园就像大小不一的调色盘放置在地面，五彩斑斓
（图片来源：丘文三映摄影）

在衢州职业技术学院方案设计阶段，笔者从衢州山川围合的地形特征出发，对其进行抽象化的提炼，形成建筑整体的屋顶造型（图 4.4-2）；在造型深化设计阶段，采用现代金属

材质和大跨度的结构特殊处理手法，让整个建筑看上去轻盈灵动，极具现代感，同时又让人对中国传统坡屋顶产生联想，是一种抽象了的现代曲面坡屋顶。

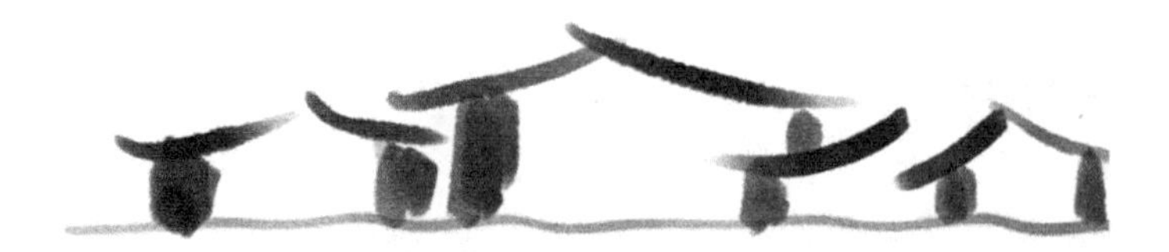

图 4.4-2　衢州职业技术学院入口效果
（设计团队供图）

从建筑的地域性来分析考虑，应该是建筑造型创作中非常重要的一个理性思考点。地域性包括当地的地形地貌、自然气候条件和就地取材，也包括地域意识形态、传统文化，民俗风情等。以衢州职业技术学院为例，通过地形地貌和当地传统文化的结合，进一步抽象提炼，最后形成现代、大气的建筑形体。

另一个从地域性设计策略出发的典型案例是中共泰顺县委党校。建筑师从泰顺当地特有的廊桥造型中获得灵感，对其抽象提炼并运用在建筑形象上；同时，结合当地红色革命历史，提取红色基因，表现在建筑的外立面表皮上；最后，结合场地的山地特征，创造出了一个层层升高的、具有当地廊桥造型的红色建筑（图 4.4-3）。

图 4.4-3　中共泰顺县委党校外观
（图片为作者拍摄）

第 5 章

设计案例解析

5.1 幼儿园

5.1.1 四堡七堡单元 12 班幼儿园（建成）

该项目位于杭州市新开发的城市环境中，场地面积并不宽裕，因此，如何在有限的城市场地上最大化地营造儿童户外空间，成为设计的起点。为了让孩子在校园里更好地体验自然环境，整个建筑以一个 L 形体量，面向城市半围合形成开放的入口广场；南侧面向街道的退让留白，作为孩子上下学的接送区域的同时，也提升了城市街区的品质。

建筑自身在两个方向上形成退台，构建的屋顶花园和地面活动场地一起形成了一个立体的多维度活动空间（图 5.1-1），既丰富了建筑的造型空间层次，也成为师生课间活动学习的交流场所，可促进全园孩子们的交往。每个活动单元的开放阳台使室内空间获得了视野开放，让孩子们感知丰富的城市公共空间。

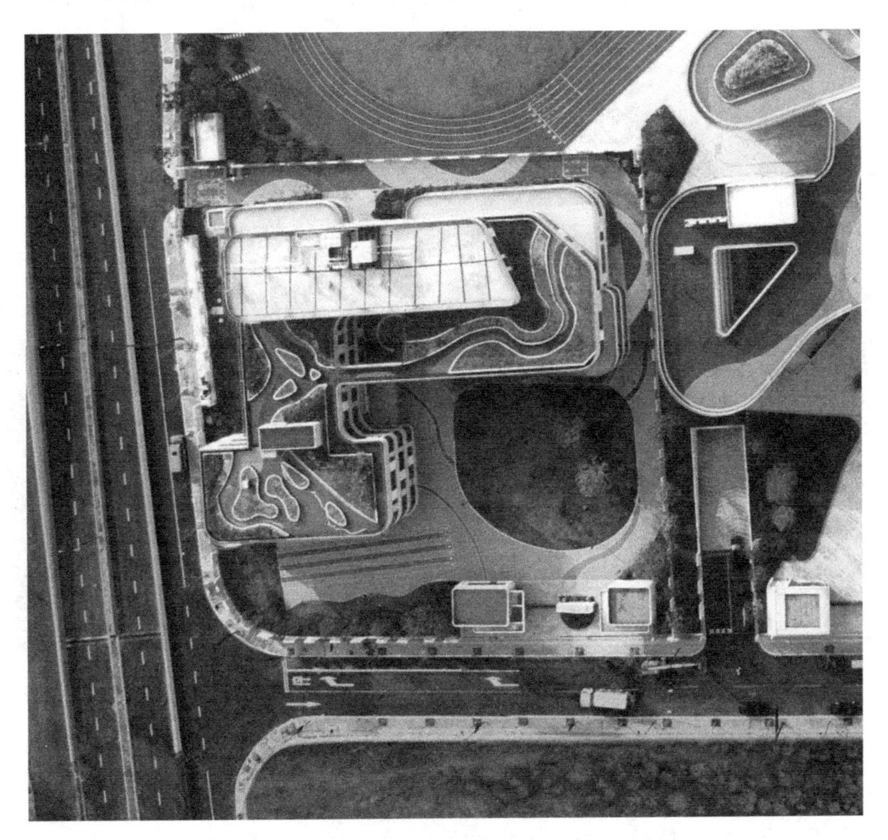

图 5.1-1　四堡七堡单元 12 班幼儿园实景俯瞰
（图片来源：丘文三映摄影）

场地设计营造了多样化的、大小不一的空间聚落（图 5.1-2）。以庭院为核心，通过公共厅廊连接各活动单元，入口广场、活动场地、跑道沙坑等不同尺度的类型空间就像一个微型社区校园，容纳从集体到个人的多样化活动，让流通的校园空间真正成为无处不在的非正式教育场所。

图 5.1-2　四堡七堡单元 12 班幼儿园实景一
（图片来源：丘文三映摄影）

入口广场、各种类型活动场地设置于园区南侧，充分利用光照、阳光，是学生户外活动的核心区域（图 5.1-3）。内部空间中入口大厅两层通高，是各活动单元聚落的空间枢纽，方便孩子们在户外高温、多雨时节进行室内活动。项目结合场所内部的柱、廊，构建了丰富的室内活动空间。

图 5.1-3　四堡七堡单元 12 班幼儿园实景二
（图片来源：丘文三映摄影）

建筑造型细节方面，通过设置转角弧墙，可满足儿童嬉戏奔跑时的安全需要；低矮的窗台、亲切宜人的材料，拉近了与孩子们的尺度；条窗、凹廊、架空层、阳台、挑檐等，这些成本经济的建筑语汇形成了丰富的建筑立面效果。校园外立面采用仿木纹门窗、彩色装饰板，通过这些色彩的跳动，以高辨识度的儿童建筑形态回应这片城市新区。

项目信息

项目名称：四堡七堡单元 JG1402-R22-29 地块 12 班幼儿园项目

设计单位：浙江省建筑设计研究院有限公司

主持建筑师/项目主创：来敏、曾庆路

设计团队（方案 + 初步设计阶段）：来敏、曾庆路、董箫欢、夏富伟（建筑）；李晓良、郑祺、杨秋红、李祥翔（结构）；王胜龙（给水排水）、何海龙（暖通）、童骁勇（电气）

项目位置：浙江杭州

建筑面积：7949.38m²

设计周期：2018 年 6 月—2019 年 6 月

业　　主：杭州市城东新城建设投资有限公司

结　　构：框架结构

材　　料：真石漆、铝板、玻璃

5.1.2　开化大棚坞 15 班幼儿园（方案）

该项目位于衢州市开化县的新区，两条城市道路的交叉口处，用地面积较为紧张，设计以儿童启蒙教育中的拼图为基本母题，曲折的形态围合成丰富的教学核心单元。同时，建筑、平台及连廊相互联系，既围合为内向安静的绿化庭院，又自然形成开放通透的入口广场和活动空间（图 5.1-4）。

图 5.1-4　开化大鹏坞 15 班幼儿园效果图
（图片为作者方案阶段原创设计效果）

为塑造一个具有童趣的学习乐园，设计从儿童启蒙教育中的拼图游戏中汲取灵感，打通孤立的教室形式，创造组团式学习场所，灵活的空间可依据教与学的需求“变形”。

在平面空间形式上，结合幼儿园孩子们的行为活动特点，将传统单调的行列式布局转变为主张功能复合、符合未来教学模式的教学组团布局，幼儿生活单元围绕中心庭院“拼图”式布置，通过环绕中心花园的开放式连廊可到达各个活动单元（图 5.1-5）。通透的连廊空间有助于孩子们释放天性，也为教学模式改革提供了无限的可能。

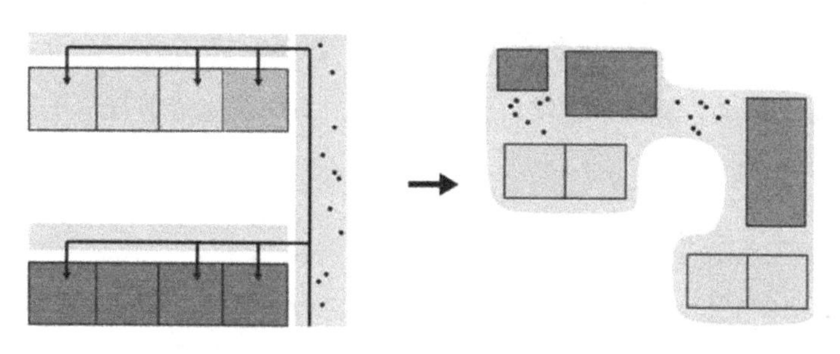

图 5.1-5　幼儿园基本单元设计
（设计团队供图）

项目信息

项目名称：开化大鹏坞 15 班幼儿园项目

设计单位：浙江省建筑设计研究院有限公司

主持建筑师/项目主创：来敏

设计团队（方案设计阶段）：来敏、宋雨、吴政轩（建筑）

项目位置：浙江衢州开化

建筑面积：6890m^2

设计周期：2020 年 9 月—10 月

业　　主：开化县城市建设投资集团有限公司

结　　构：框架结构

材　　料：真石漆、涂料、玻璃

5.1.3　天城单元 12 班幼儿园（方案）

由于与该用地相邻的为一小学用地，两块用地共同建设，因此建筑设计的出发点是将相邻的两块小学和幼儿园用地作为整体考虑，一体化设计，包括平面的布局形式、材料的选用、造型的处理等，使两个地块形态相融、统一（图 5.1-6）。

图 5.1-6　小学、幼儿园建筑形象整体考虑，一体化设计
（图片为作者方案阶段原创设计效果）

两个地块的入口广场都面向南侧城市道路麦庙路展开，南侧沿城市道路的建筑形象从西湖的山水走势中提取空间意向，仿势而建，让孩子们宛若置身于一座充满趣味的知识山丘中。外立面采用特殊的混凝土穿孔预制板，以斜置状态安装在每层楼的梁面位置，一方面，丰富了建筑立面的细节；另一方面，一定角度的斜向穿孔混凝土板让走廊对直射阳光起防护作用，整个校园立面处于生态呼吸的状态（图 5.1-7）。

图 5.1-7　幼儿园外立面采用混凝土遮阳板，增加立面细节，也对内部房间形成一个热缓冲
（图片为作者方案阶段原创设计效果）

在空间营造方面，幼儿园半围合的开放庭院与小学的公共空间形成聚落式的总体空间形态，聚落内部开放、连通，绿色景观渗透到各组团，同时，两个校园保持对城市界面的完整性。幼儿园不同方向的退台，形成不同层次的立体交流空间和公共交往空间，这些内部的交通连廊不仅起到交通联系作用，还可创造出更多的供学生课间交流、学习、漫步、玩耍和观景的人性化空间。

项目信息

项目名称：天城单元 R22-09 地块 12 班幼儿园项目

设计单位：浙江省建筑设计研究院有限公司

主持建筑师/项目主创：来敏

设计团队（方案设计阶段）：来敏、宋雨、薛介议、平维桢、徐靓（建筑）

项目位置：浙江杭州

建筑面积：8199m^2

设计周期：2021 年 7 月—8 月

业　　主：杭州市城东新城建设投资有限公司

结　　构：框架结构

材　　料：真石漆、涂料、铝板、玻璃

5.2 中小学

5.2.1 青溪小学（方案）

项目位于千岛湖镇区以北，靠近新安东路，原有校舍规模已无法满足教学使用要求，现拟对学校进行整体搬迁，在新址重新设计建造一所可供日常教学、体育运动和生活的现代化校园（图 5.2-1）。

青溪小学迁建工程新址位于一块坐北朝南的向阳坡上，地块仍然邻近新安东路。用地内地形高差较大，在场地的对面有一处水系，西侧紧邻社会停车场用地、住宅用地和成人学校用地，东北侧皆为自然山体。场地内日照充分，自然景观条件优越。

设计通过综合分析场地的各种控制因素，包括场地交通分析、用地景观环境分析、场地地势分析和用地形态分析，对建筑进行整体规划布局，使建筑的生成能够充分利用现场较好的自然景观条件和日照条件，依山就势，很好地融入周边山水环境之中（图 5.2-2、图 5.2-3）。

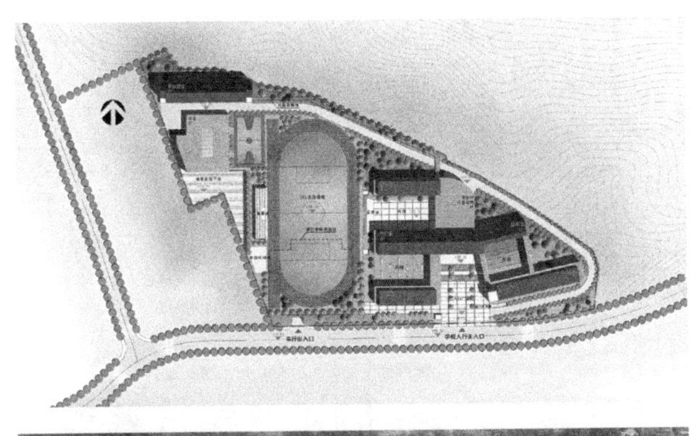

图 5.2-1　青溪小学总平面示意图和鸟瞰图

（图片为作者方案阶段原创设计效果）

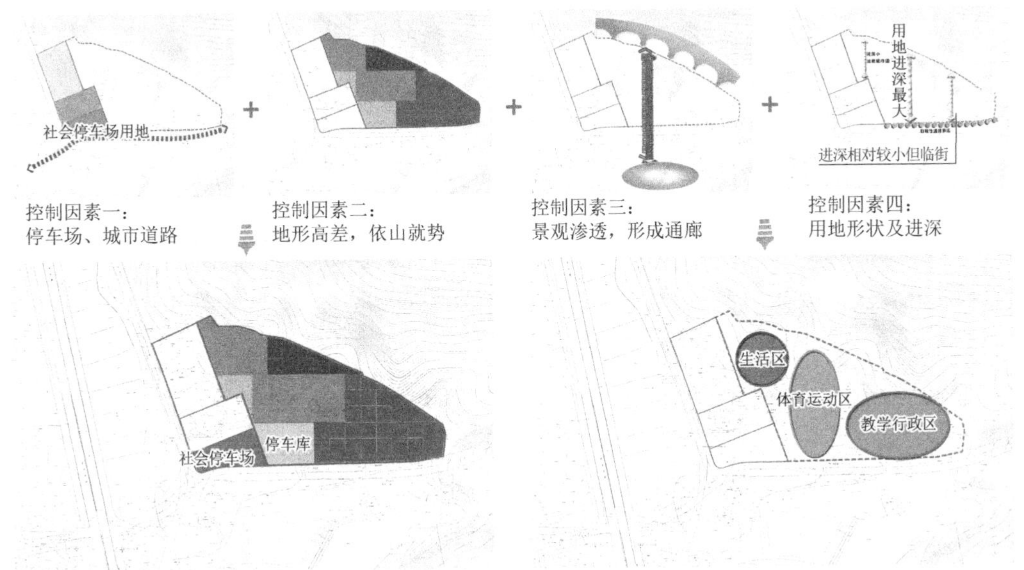

结合场地原始自然标高，在操场南端靠近城市道路部分，直接架空设置停车库。

■ 该位置靠近社会停车场用地，对整个场地干扰较小，同时与东侧的教学行政区联系紧密。

■ 在操场下架空设置，避免挖方工程，降低整个工程造价。

教学行政区：设在场地东部，靠近城市道路。

生活区：设在场地西北角，较为安静，受外界干扰最小

体育运动区：250m环形跑道设在场地进深最大的中部，同时设置足球场和篮球场。

图 5.2-2　青溪小学总图定位分析

（设计团队供图）

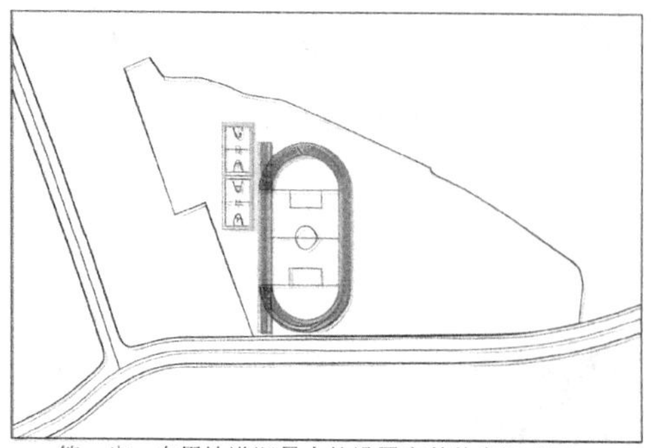

第一步：在用地进深最大处设置室外体育运动区，
包括250m环形跑道、足球场和篮球场。

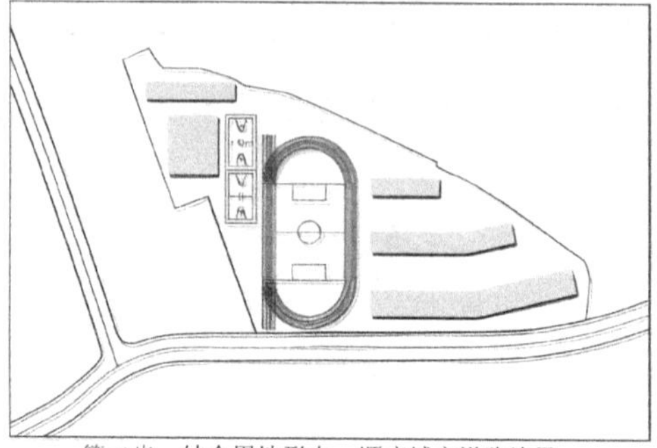

第二步：结合用地形态，顺应城市道路边界，
布置教学行政楼、宿舍和食堂。

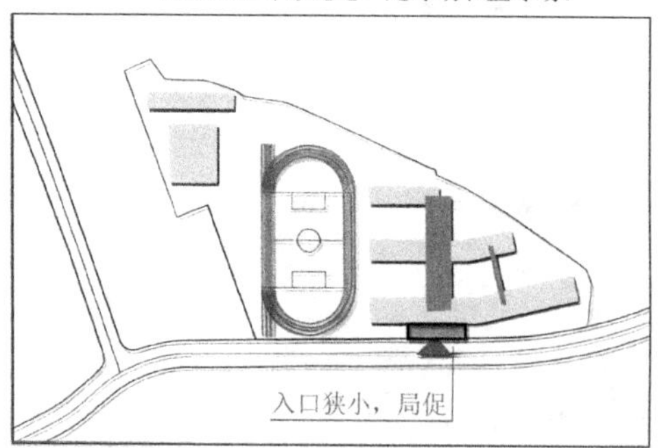

第三步：加入公共空间，包括连廊、交流平台等，
将教学楼、体艺楼和行政楼连为一个整体。
优点：建筑布局能够顺应用地形态，对地形环境作出呼应。
缺点：校园入口过于狭小局促，没有一个开阔的入口前广场。

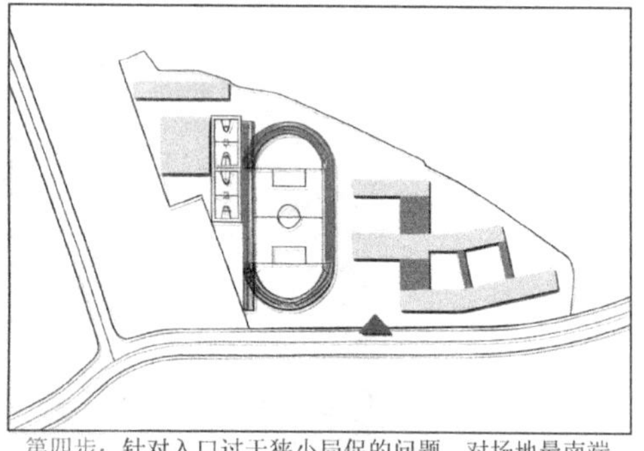

第四步：针对入口过于狭小局促的问题，对场地最南端靠近城市道路这排建筑，采用“减法”的设计手法，创造出一块入口广场区域。

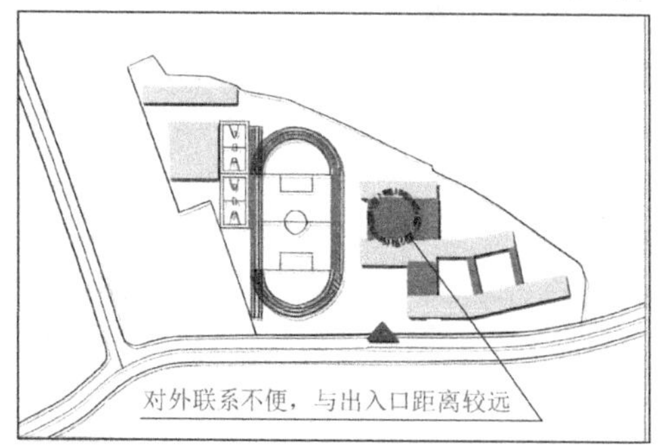

第五步：设计加入风雨操场的功能布局。
优点：风雨操场与室外运动区相邻布置，便于室内外体育运动联系。
缺点：风雨操场与校园主入口距离过远，不便于对外独立开放管理。体艺楼临街设置，风雨操场位置过于靠里，二者联系不便。

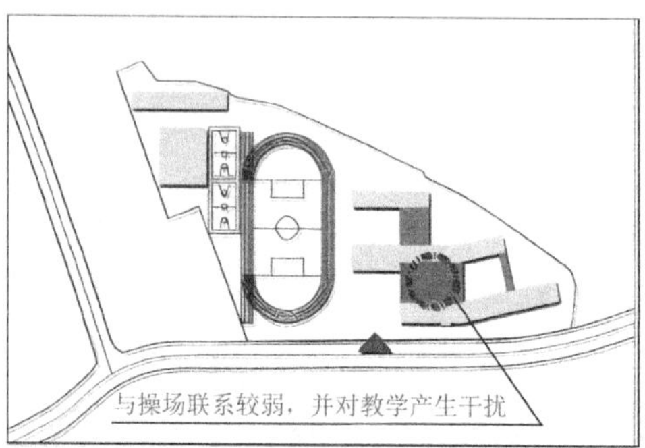

第六步：设计调整风雨操场的功能定位。
优点：风雨操场与体艺楼临街结合布置，同时靠近校园出入口，便于对外独立开放管理。
缺点：体艺楼（风雨操场）与室外体育运动区距离过远，不便于二者联系。风雨操场位置与教学和实验楼距离过近，会产生干扰，动静分区不合理。

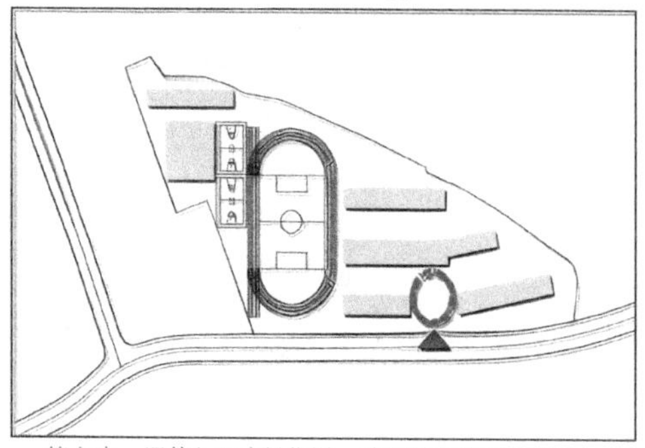

第七步：调整入口广场位置。消解最南端建筑体量，
创造出入口广场区域。

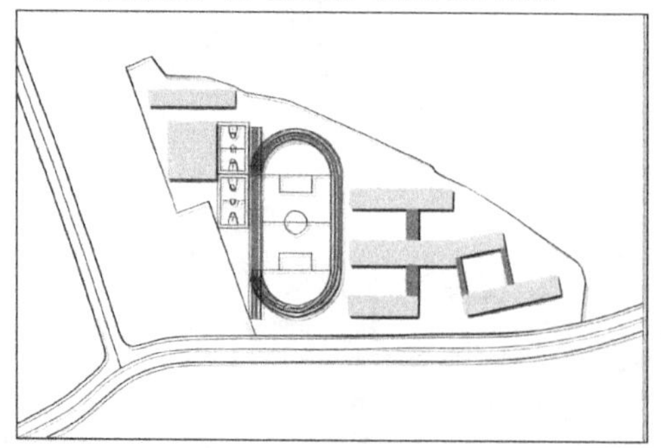

第八步：设计加入连廊、交流平台等公共空间，
将教学楼、体艺楼和行政楼连为一个整体。

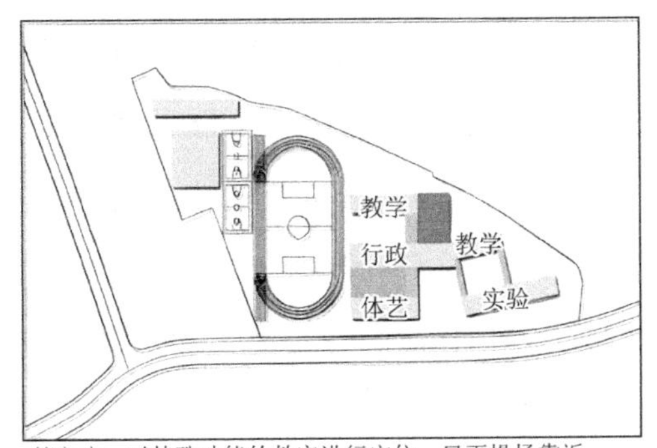

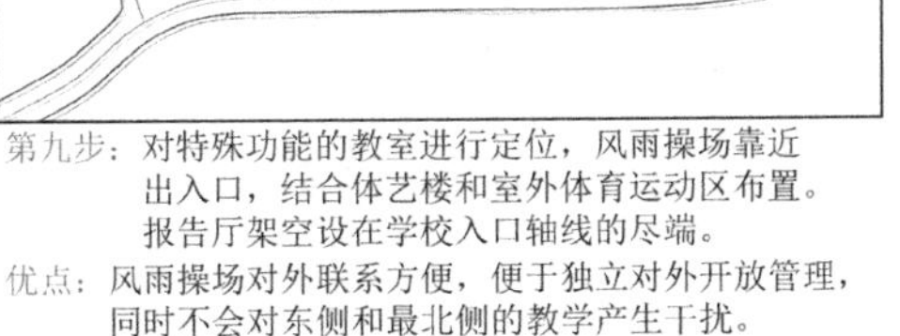
第九步：对特殊功能的教室进行定位，风雨操场靠近出入口，结合体艺楼和室外体育运动区布置。报告厅架空设在学校入口轴线的尽端。
优点：风雨操场对外联系方便，便于独立对外开放管理，同时不会对东侧和最北侧的教学产生干扰。

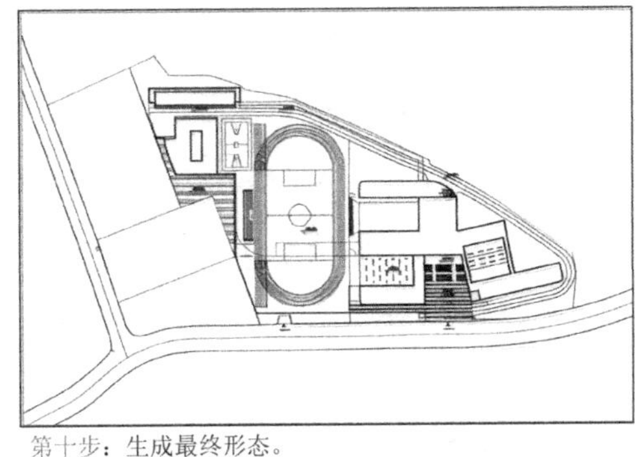
第十步：生成最终形态。
综合考虑用地形态，地形高差、周边景观环境和建筑功能流线要求，形成了建筑最终布局。

图 5.2-3　青溪小学总图生成分析
（设计团队供图）

（1）场地交通分析。场地仅有南侧界面与拟规划建设的城市次要道路相接，西南角紧邻一块社会停车场用地，设计希望将用地对整个校园规划所造成的不利影响降到最小。

（2）用地景观分析。场地景观环境条件极为优越，用地东、北侧皆为自然山体，植被茂盛；用地南面有一条水系。规划设计目标是尽可能将周边自然山水环境渗透到校园环境中，使学校建筑和景观环境融为一体，并使南侧水系和北侧山体景观跨越整个校园形成一条景观通廊。

（3）场地地势分析。通过对地形高差的分析，场地内 4 块自然平均标高不同的区域，其中东南片区地势最低，自然平均标高仅为 155m，与城市拟规划建设道路标高接近，可直接进行建设，无须填挖方。场地最北侧区域自然平均标高为 178m，地形落差较大，为不宜建设区域。

（4）用地形态分析。用地边界形状不规则，中间进深较大，西北侧最小，且不临街。

1. 规划设计

（1）功能定位生成。学校功能主要分为教学行政区、生活区和体育运动区三大块。体育运动区包含一个 250m 环形跑道、足球场、篮球场和单双杠活动场地等。综合分析场地的各种控制性要素，设计决定将体育运动区安排在用地进深最大的中部；在其东侧靠城市拟规划建设道路处设置教学行政区；在用地西北端较为安静的部位，设置生活区，以保证学生宿舍受外界干扰最小。在场地西南角紧邻社会停车场用地处设置教师用停车库，由于该区域自然平均标高与城市拟建道路标高接近，设计直接在自然平均标高上架空设置停车库，并在其上方布置操场，以减少挖方。

（2）平面形态的生成。设计结合用地形态、道路边界、山形地势和学校自身的特殊功能要求，对建筑平面形态进行了充分研究。从最初顺应道路用地边界的简洁几何形式，到通过设计“加减手法”围合出开放校园广场，特殊功能教室的介入，形态上的这种深化充分考虑了学校功能布局的动静分区和交通流线联系的便捷性。

（3）竖向设计研究。在充分研究场地原始山地形态的标高走势之后，我们确定了两个设计原则：第一，尽可能减少填挖方量；第二，整个校园空间布局应与场地山形走势、周边山水环境相融合（图 5.2-4）。基于这两个原则，设计将整个校园按不同标高分成以下三个主要区域。

图 5.2-4　整体人视效果，建筑层层升高，与山形走势相融合
（图片为作者方案阶段原创设计效果）

学校主次出入口区域：包括主入口广场、后勤庭院、车库等。

学校公共活动区域：包括主入口广场上方的公共活动平台、操场、生活区道路等。其中公共活动平台面向操场开放，采用架空处理，使东侧的自然山体景观融入西侧的学校操场。

学校最北教学楼入口区域：该区域由于场地的原始自然标高较高，因此顺应原始地形，将其规划设计为整个校园的最高点。

2. 学校功能空间营造

学校功能分析如图 5.2-5 所示。

（1）体艺楼：设在靠近学校主入口处，方便风雨操场对外独立开放。同时，体艺楼靠近操场，与室外运动区联系紧密。

（2）实验楼：沿城市道路布置，与体艺楼面向城市道路半围合形成入口广场。

（3）教学楼：靠北设置，邻近山体，自然环境优越，而且离城市道路较远，相对安静。

（4）行政楼：位于教学行政组团的中心位置，即入口广场的尽端，与教学楼、体艺楼和实验楼的通达性较好。

（5）联系空间：各栋楼之间通过公共活动平台、走廊等连为一个整体。

（6）生活区：宿舍楼和食堂位于场地西北端，较为安静。

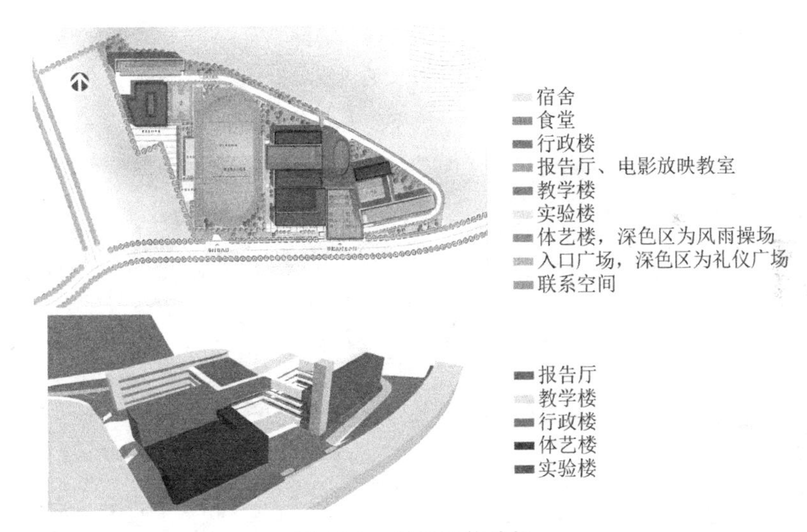

图 5.2-5　学校功能分析
（设计团队供图）

道路交通规划方面，将人行出入口和车行出入口分开设置。其中，主入口设在用地东南侧，为人行出入口；车行出入口单独设在用地西南侧，供车库和后勤出入；学校东侧的教学行政区和西北角的生活区被整合为校园人行景观系统，从而彻底做到校园人车分流（图 5.2-6）。

项目宏观空间设计的基本原则是，尽可能地将周边自然山体、水系的景观引入建筑。因此，在建筑的规划布局中，将建筑单体组合成一系列的开放式空间，包括公共活动平台、景观庭院和屋顶绿化等。

校园的规划结构主要包括三条南北向轴线、三块活动交流片区、一条东西向轴线和一个入口广场节点，最后用一条环线串联起整个校园（图 5.2-7）。

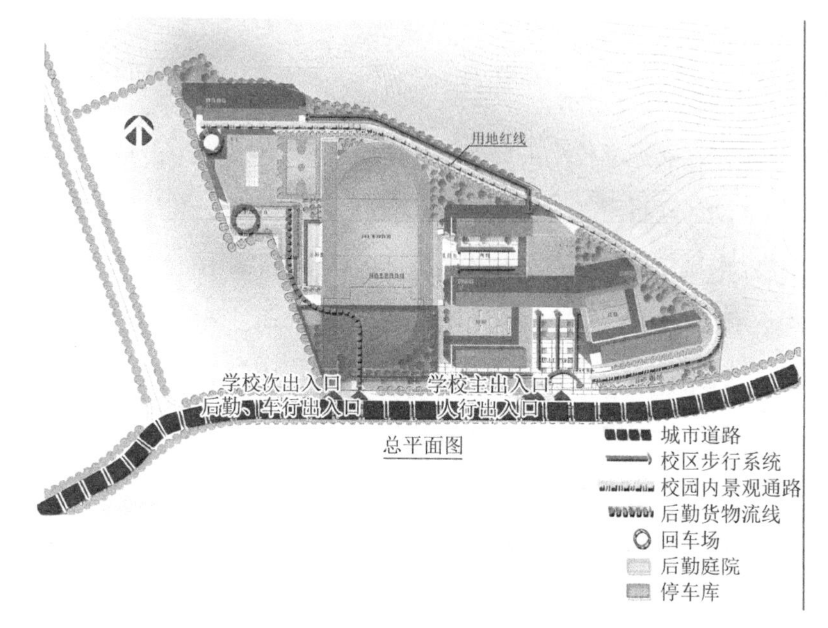

图 5.2-6 学校交通流线分析
（设计团队供图）

图 5.2-7 校园入口效果图
（图片为作者方案阶段原创设计效果）

城市界面的设计主要考虑与场地南侧城市道路的边界和东北侧自然山体的走势相呼应。

3. 建筑单体设计

（1）绿色节能生态设计。建筑场地内存在大量原有建筑拆卸下来的废旧砖块，设计时考虑将这些废旧砖材作为再生砖的原材料回收利用，节材的同时也降低了工程造价。建筑屋顶采用平屋顶和坡屋顶相结合的方式，平屋顶设置绿化种植屋面，坡屋顶设通风格栅板，整个屋顶就像一个热缓冲层，起到隔热、保温的作用，有效减少室内环境对传统能源的依赖。建筑填充墙采用外层砖墙和内层保温砌块的复合墙体，增加墙体安全性的同时，也加强了围护结构的热惰性。车库架空层设雨水回收利用池，用于校园绿化景观的浇灌和路面浇洒。

（2）公共空间设计。设计力图为孩子们多创造一些可供交流、活动的空间，以让他们拥有丰富的空间体验（图 5.2-8）。连接南、北教学楼连廊一侧报告厅和放映教室墙面上的窗洞，通过充分利用墙厚而处理成凹入的“儿童家具”，可容纳很多偶发的儿童集体游戏活动，使这一空间并非仅作为交通用的走廊。公共活动平台架空层的交流展示空间也可以促发很多的儿童活动，如交流、写作业、做游戏等。风雨景观连廊连接宿舍和教学楼，结合山体地形，面向南侧操场开放，并嵌入自然山体之中，与北侧山峦融为一体。学生通过此连廊可以不受风雨影响，方便地来往于教学区和生活区之间。教学楼和实验楼之间结合地形高差设置的台地景观庭院，以及篮球场屋顶上空面向操场开放的屋顶花园，都成为孩子们很好的学习、交流及活动空间。

图 5.2-8　校园公共空间人视效果图
（图片为作者方案阶段原创设计效果）

（3）建筑立面造型。建筑造型设计的出发点主要有两个：①如何在这样一个青山绿水的环境中，将当代性引入建筑中，同时与充满乡土的自然山水环境结合；②如何在节省成本、控制建筑整体造价的同时，又让建筑长远存在，为孩子们创造一个良好的教学环境。在比较了各种现代材料和传统材料及其经济性之后，设计主要利用的材料为面砖（页岩青砖）、木材、弹性涂料和青瓦。玻璃幕墙、干挂幕墙等材料由于造价较高，不在选用之列。

建筑结构采用现浇钢筋混凝土框架结构体系，外露的梁、柱线脚和部分混凝土以及楼梯大块墙面刷白色弹性涂料（图 5.2-9）。填充墙主要为窗槛墙，采用外层面砖和内层保温砌块的复合墙体。面砖的材质及颜色选用方面，并没有选用教育建筑普遍采用的红砖，而是采用页岩青砖，以与周围青山绿水的环境相融合。门窗采用实木门窗，固定扇为玻璃，开启扇为木头，通过木质门窗的色彩跳动，起到活跃校园气氛的效果。建筑的外窗结合室外空调机位的安放进行了细部设计，包括铝合金栏杆、页岩青砖窗下墙、木窗台等，在丰富建筑外立面元素的同时，也可为建筑室内创造良好的热工环境。学校教学用房的外廊均采用敞开式外廊，不仅能获得良好的采光通风，还可以起到很好的热缓冲层作用，夏季隔热，冬季延缓教室内热量的散发。敞开式外廊还将各栋教学行政用房联系在一起，彼此视线通透，从而最大限度地将周边自然环境引入建筑，丰富孩子们的课间视觉景观。

图 5.2-9　宿舍人视效果图

（图片为作者方案阶段原创设计效果）

整体而言，整个造型设计通过对传统元素的提取简化，创造了一个具有现代感、能够展现学校人文气息并且与周边青山绿水环境相融合的建筑形象。

项目信息

项目名称：青溪小学迁建工程项目

设计单位：浙江省建筑设计研究院有限公司

主持建筑师/项目主创：来敏

设计团队（方案设计阶段）：来敏、邵文达、陈庆（建筑）

项目位置：浙江杭州淳安

建筑面积：20700m^2

设计周期：2016 年 3 月—4 月

业　　主：杭州淳安千岛湖建设集团城建发展有限公司

结　　构：框架结构

材　　料：真石漆、涂料、砖、木材、玻璃

5.2.2　四堡七堡单元 36 班小学（建成）

项目地块东至规划道路御五路，西至规划道路观潮路，南至五堡，北至昙花庵路。用地面积 31404m^2，总建筑面积 45460.5m^2，地上计容面积 31263m^2，地下建筑面积 14197.5m^2。项目设计效果与建成后实景对比如图 5.2-10 所示。

图 5.2-10　四堡七堡单元 36 班小学设计效果与实景对比
（上图为作者方案阶段原创设计效果）
（下图为竣工后现场拍摄，图片来源：丘文三映摄影）

1. 总体布局特点

如何在高层住宅环绕中营造和谐的内部空间和优美的第五立面感受是项目设计的重中之重。

本次设计突破传统单体兵营式布局，强调校园整体连贯性，通过共享功能空间的穿插等整合建筑各功能，形成一座真正意义上的高效、紧凑型一体化综合建筑（图 5.2-11），这也符合当下教育模式改革的探索方向。

南北轴线主要由入口广场及“学习街”组成，在学习街左侧布置教学功能单元，相对强调秩序；在学习街右侧布置由食堂、体育馆、艺术楼组成的综合单元，布局相对活泼，整体形成从秩序到兴趣释放的空间序列。

图 5.2-11　小学及幼儿园建成后一体化效果
（图片来源：丘文三映摄影）

2. 功能分区

为节约用地，由体育馆、食堂和艺术楼组成的综合单元布局相对紧凑。其中食堂布置于校园北侧，体育馆与体育运动场地相邻，共同形成完善的体育运动生活区。

高低年级组团围绕共享交互中心设置，使校园功能空间的利用效率最大化，形成了整体式校园的格局。

图书馆和报告厅都布置在首层，方便教师和学生共同使用，提高了使用效率。

整体而言，通过开敞共享空间等将各功能组团渗透联系，可使学生日常参与各个功能之间的活动更连贯、便利和高效。

3. 交通组织

（1）出入口。按规划条件在场地南侧和东侧各设一个车辆入口和出口，满足本项目两个出入口的要求；在场地南侧设置学校主要人行形象出入口。

（2）主要道路。场地内部主干道形成消防环路与出入口相接，消防环路宽度为单车道5m，东侧道路和南侧入口广场与城市道路相接。

（3）人行道。结合道路、沿线绿地、景观视线通廊等设置，环境景观较好。

整个场地的交通组织流线合理、清晰，满足人车分流、大小车分流、出入口分开的要求。机动车停车以地下车库为主，地面停车按机动车可停 3 辆校车设置。地下车库设 2 个双车道出入口，分别布置于场地东侧（社会车辆出入口）和南侧（场地车行出入口），避免大量车辆进入场地内部形成干扰（图 5.2-12）。非机动车停车场地布置在地面架空层。

图 5.2-12　地下车库出入口
（图片来源：丘文三映摄影）

4. 造型设计

学校整体通过教学楼和行政楼围合形成一个开放、规整、大气并符合教育综合体气质的形象。外立面最初的设计思路是通过一条条的白色“丝带”连接、围合建筑表皮，通过木质门窗、彩色装饰板等，起到活跃校园气氛的效果。后续设计时将白色“丝带”升华为彩色“丝带”，寓意孩子们的成长之路丰富多彩。同时，通过彩带将各栋教学、行政用房联系在一起，视觉上更为通透，丰富了孩子们的课间视觉景观（图 5.2-13）。

图 5.2-13　学校单体造型实景
（图片来源：丘文三映摄影）

项目信息

项目名称：四堡七堡单元 JG1402-A33-30 地块 36 班小学项目

设计单位：浙江省建筑设计研究院有限公司

主持建筑师/项目主创：来敏、曾庆路

设计团队（方案＋初步设计阶段）：来敏、曾庆路、董箫欢、夏富伟（建筑）；李晓良、郑祺、杨秋红、李祥翔（结构）；王胜龙（给水排水）、何海龙（暖通）、童骁勇（电气）

项目位置：浙江杭州

建筑面积：45460.5m²

设计周期：2018 年 6 月—2019 年 6 月

业　　主：杭州市城东新城建设投资有限公司

结　　构：框架结构

材　　料：真石漆、涂料、铝板、玻璃

5.2.3　新湾街道九年一贯制学校（方案）

项目位于杭州钱塘新区，用地北至宏景路，南至横一路，西至东升路，东至建华路（图 5.2-14）。规划为 54 班九年一贯制中小学，项目总用地面积 61470m²，设计总建筑面积 85681.6m²。其中地上计容建筑面积 60240.6m²，包括架空层建筑面积 3508m²；地下建筑面积 25441m²，包括社会公共停车场建筑面积 14040m²。

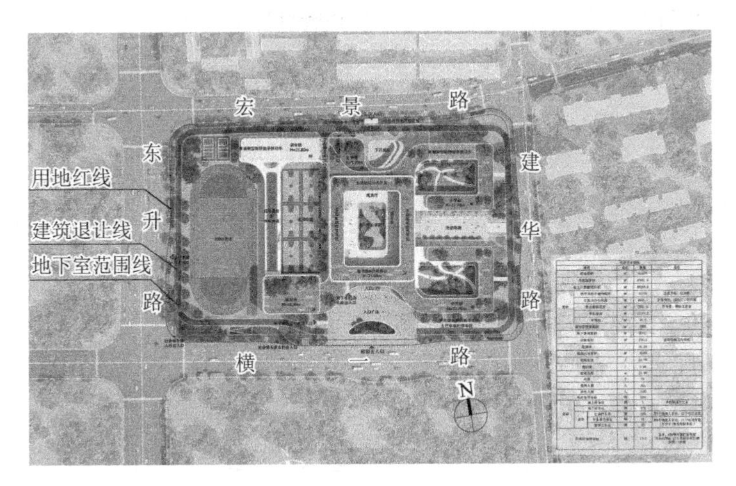

图 5.2-14　新湾街道学校总图
（图片为作者方案阶段原创设计效果）

本项目希望打造一座富有体验感、场所感的情景式校园，使其成为学生青春美好岁月的空间载体。因此，校园采用了自然、开放、丰富的"活力之环"的整体规划设计（图 5.2-15），是新时代对开放、共享教育模式的一次大胆探索与创新尝试。

图 5.2-15　新湾街道学校入口正立面
（图片为作者方案阶段原创设计效果）

项目总图的生成首先基于对场地的控制性要素分析：

（1）场地整体地形方正，东西方向长 308m，南北方向宽 191m，西侧为 45m 宽城市道路；

（2）把握场地西侧、南侧城市沿街形象面的连续性与整体性；

（3）注意西北侧宗教场所对学校正常教学秩序的影响；

（4）场地东侧相邻用地分别为南沙公园、居住小区、幼儿园，较为安静且环境优美，宜布置教学核心单元；

（5）场地南侧为新湾第二幼儿园，设计时须考虑与此建筑的和谐统一。

基于以上控制性要素分析，我们对总体设计进行了如下多方案比较。

● **方案一**：如图5.2-16所示，此方案由多个庭院围合而成，并通过自中心院落向四周延伸的平台连接各个庭院，组成一个整体的、有机的教育综合体。南侧形象面舒展大气，整体稳重又不失灵动飘逸感。

● **方案二**：如图5.2-17所示，此方案与方案一概念相同，意在构建一个融合的教育综合体，通过中心庭院串联起多个小庭院，并通过平台廊道互相衔接，但整体略显凌乱，缺少一定的融合感和整体感。

● **方案三**：如图5.2-18所示，此方案采用传统布局方式，通过中轴线对称的方法，在南北轴线两侧布置教学楼，西侧建筑体沿道路延伸，形成沿街立面形象。但在布局上，综合体的各个教学单元之间距离较远，交通动线过长。

● **方案四**：如图5.2-19所示，此方案兼顾了西侧、南侧城市沿街面整体形象的连续性，从西至东依次布置文体馆、行政综合体、教育综合体，功能布局较为合理。但在方正地形内将操场倾斜放置，不利于合理利用土地，缺乏经济性。

● **方案五**：如图5.2-20所示，此方案通过多个庭院围合形成教育教学组团，但在南侧主入口处缺少形象塑造，并且南侧和西侧的城市沿街面形象处理也不够理想。

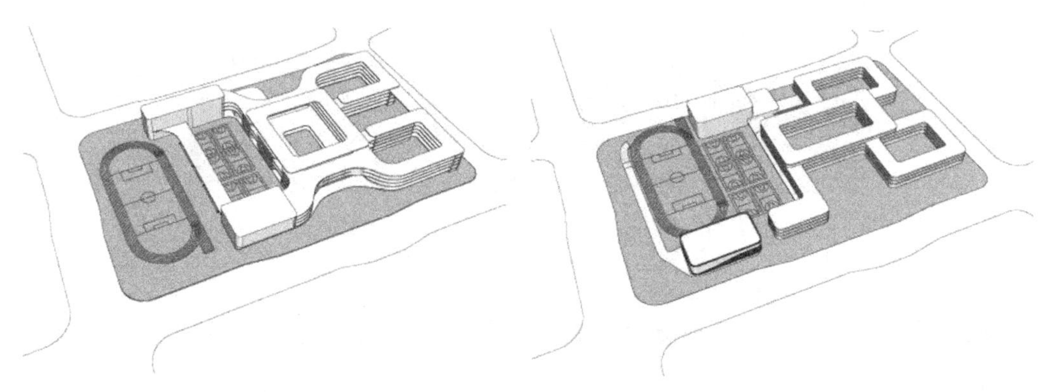

图5.2-16　方案一
（设计团队供图）

图5.2-17　方案二
（设计团队供图）

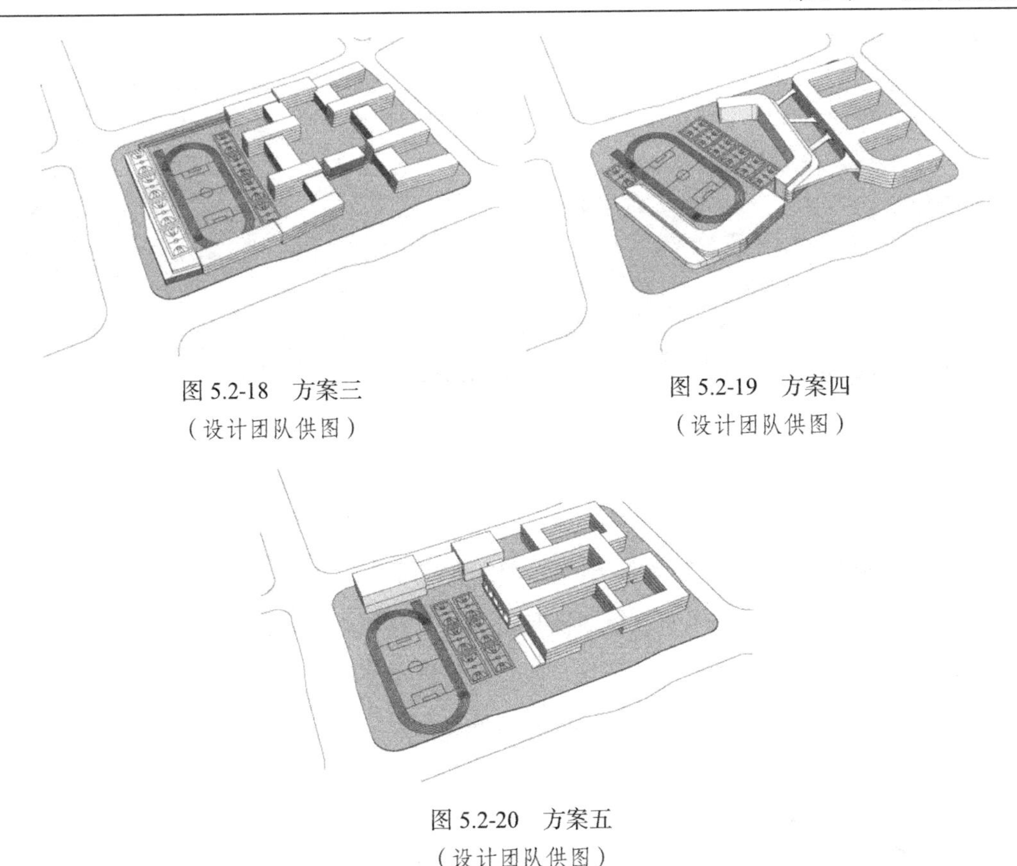

图 5.2-18　方案三
（设计团队供图）

图 5.2-19　方案四
（设计团队供图）

图 5.2-20　方案五
（设计团队供图）

综合上述对各个方案的比较分析，最终认为方案一为最佳方案，该方案规划布局首先以屏蔽场地西侧的城市道路和西北侧宗教场所的噪声源作为总体设计的出发点，项目将操场布置在西侧，形成缓冲空间，同时利用空中跑道和西侧廊道空间组成噪声隔离带；南侧后退形成广场，利用双层立面和廊道空间形成与教学区的过渡空间，最终保证东侧教学中心组团的安静舒适。空间造型上，各单体通过开放的室外连廊和平台互联互通，围合形成不同类型的主题院落空间，整个建筑形态面向周边道路水平延伸，舒展大气、灵动有机，充分体现了与城市环境融合共生的设计理念（图 5.2-21）。

项目的最终体量生成通过以下设计步骤实现。

步骤一：初步总体布局

根据周边场地分析和噪声因素影响分析，将 300m 环形跑道操场放置于地块西侧，建筑主体布置于地块东侧，校园主入口布置于南侧，北侧为校园次入口，并根据场地形态及容积率要求，确定学校整体建筑体量。

步骤二：打造多个围合、半围合庭院

依据“活力之环”教育综合体概念，设立多个围合、半围合院落空间，从而为校园提供更多的共享交流空间，并实现功能上的相互融合。

图 5.2-21 新湾街道学校操场人视效果
（图片为作者方案阶段原创设计效果）

步骤三：功能区块划分

以中轴线为基准，通过灵活分割两侧建筑体量形成围合的校园空间，并通过庭院的设计为空间做“减法”，确保整体建筑组团拥有良好的自然景观、日照、通风等条件。

步骤四：体量高度调整

根据不同组团对功能的需求，进行相应的高度调整，同时利用多种体块组合模式，形成错落有致的院落空间。

步骤五：室外连廊及平台衔接

通过室外连廊及平台将各个功能体块相互串联，形成丰富立体的共享交流空间，并围合出开放贯通的一层广场，在加强不同建筑组团之间联系的同时，打造丰富、多元、舒适的校园步行环境（图 5.2-22、图 5.2-23）。

图 5.2-22 新湾街道学校鸟瞰效果
（图片为作者方案阶段原创设计效果）

图 5.2-23　新湾街道学校东侧人视效果
（图片为作者方案阶段原创设计效果）

步骤六：多层次绿化体系

通过建筑体块造型与空间营造相结合，设置五大不同主题的院落场景，包括中心庭院、下沉庭院、运动庭院、活动庭院和景观内院，打造符合现代教育理念，具有绿色、共享、自由的场所精神的空间系统。不同主题的院落承担不同的户外空间功能，让学生在多元的趣味性空间中学习、生活与运动；同时，利用下沉庭院、平台、屋面等营造多维立体的绿化空间，激发学生对自然的探索欲。

项目信息

项目名称：新湾街道九年一贯制学校设计

设计单位：浙江省建筑设计研究院有限公司

主持建筑师/项目主创：来敏

设计团队（方案设计阶段）：来敏、曾庆路、宋雨、薛介议、平维桢（建筑）

项目位置：浙江杭州

建筑面积：85681.6m^2

设计周期：2021 年 2 月—3 月

业　　主：杭州钱塘新区教育与卫生健康局

结　　构：框架结构

材　　料：真石漆、涂料、铝板、玻璃

5.2.4 元成中学（方案）

项目位于杭州市下沙高教新区金乔街以北，福城路以西（图 5.2-24）。项目总用地面积为 35344m^2，项目内容为多层民用建筑（30 班规模的中学），其中中学用地面积 35050m^2，城市道路用地面积 294m^2。地上计容建筑面积为 38525m^2，容积率为 1.09，绿地率为 39.32%；建筑限高为 24m。

图 5.2-24 元成中学入口鸟瞰及人视效果

（图片为作者方案阶段原创设计效果）

本项目主要由普通教室、专业教室（科学教室）、风雨操场、教工与学生食堂、配套行政办公及设备用房等功能组成，各个功能区块为 4～6 层，相互连接，组合形成教育综合体。其中教学行政和生活服务用房地上部分首层层高 4.8m，其余各层层高 4.2m；教师公寓层高 3.0m；风雨操场层高 8.4m；地下机动车库和音体活动用房层高 5.7m。

（1）出入口设置。场地南侧现有一条城市道路金乔街，东侧为城市道路福城路，其余两侧均为相邻学校用地（图 5.2-25）。基于周边用地环境条件考量，本场地共设置 3 个出入口。其中，将学校主出入口结合入口广场设置于校园南侧；将学校次出入口设置于场地东侧，作为后勤和机动车出入口；设置一个社会公共停车库出入口，可以独立管理使用。

（2）主要道路规划。场地内有一条内部主干道可将南侧和东侧出入口相连接。消防环路宽度为单车道 5m，在应急情况下，消防环路可将场地内多层建筑连通，并与城市道路相接。人行道结合广场与景观庭院，沿绿地、景观视线通廊等设置，环境景观极佳。整个场地的交通组织流线结构合理、清晰，机动车通过东侧的校园次入口进入地下车库；师生通过南侧人行主入口，穿过校园入口广场，进入学校综合体内，再通过校园内平台连廊进入各教学单元内，完全满足了人车分流、出入口分开的要求，并且师生在行进过程中，随着视线不断地在下沉庭院、中心景观和运动场之间来回切换，创造了一个步移景异、景观优美的教学环境（图 5.2-26、图 5.2-27）。

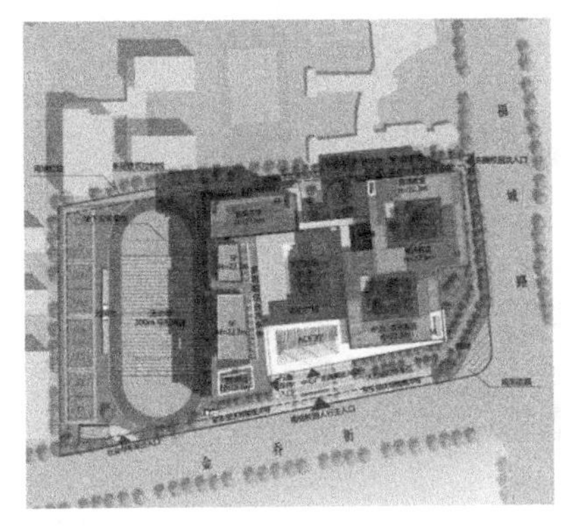

图 5.2-25　元成中学总图
（图片为作者方案阶段原创设计效果）

图 5.2-26　元成中学人视效果
（图片为作者方案阶段原创设计效果）

图 5.2-27　中庭内院效果
（图片为作者方案阶段原创设计效果）

建设场地处在两所学校的夹角地带，去除操场用地后，地块用地较为紧张，如何在有限用地内最大化地优化布局各类教学活动空间，是建筑师需要重点考虑的一个问题。本设计以中央广场这一公共空间为核心，将不同区块的功能结构串联起来，并通过环绕中央广场的校园文化活动廊高效组织师生动线，学生可以不受天气影响，便捷、快速地来往于教学区、综合区和生活区。针对操场与教学区之间的联系，设计通过引入共享综合体来形成校园动静区域之间的过渡，在综合体内竖向设置多功能用房，增加功能的多元性和丰富性。方案将学校最大的公共活动区域安排于综合体和教学区中间，并采用庭院围合布局，形成向心聚合的院落式中央下沉广场，加强了综合区与教学区之间的联系，营造出宜人的学习空间氛围。

建筑造型上，方案利用楼梯、大平台、屋顶花园、柱廊等空间造型元素，在建筑立面上创造出丰富的虚实对比的同时，也创造了多层级、多元化的共享户外空间，为学生们提供了各种学习交流及休闲的场所（图 5.2-28、图 5.2-29）。

图 5.2-28　从操场看学校宿舍效果

（图片为作者方案阶段原创设计效果）

图 5.2-29　从操场看学校人视效果

（图片为作者方案阶段原创设计效果）

整体而言，建筑师从体现现代教育模式的开放性与交互性的特点出发，在规划设计上强调不同功能性质空间的连贯性与渗透性，通过建筑与地形相结合、室内外空间景观化等方式，实现校园与周边城市环境的融合，以及校园内部各功能区块的相互融合，为学生创造出一个一体化的、生态的、具有丰富景观及文化内涵的校园环境。

项目信息

项目名称：元成中学工程设计

设计单位：浙江省建筑设计研究院有限公司

主持建筑师/项目主创：来敏

设计团队（方案设计阶段）：来敏、刘倩倩、宋雨、吴政轩、平维桢（建筑）

项目位置：浙江杭州

建筑面积：38525m^2

设计周期：2021 年 1 月—2 月

业　　主：杭州钱塘新区教育与卫生健康局

结　　构：框架结构

材　　料：真石漆、涂料、铝板、玻璃

5.2.5　广德市滨河学校改扩建工程（建成）

项目位于安徽省广德市广德经济开发区，属于开发区与新城区交汇处，于 2014 年投入使用。项目小学部分服务半径 500m，附近主要有碧桂园公园里、恒大庭、文正新村等住宅区；中学部分服务半径 1000m，主要包括永高物流区和慈兴科技园等产业园区。场地扩建用地面积为 35332.4m^2，本方案扩建总建筑面积为 22572m^2（图 5.2-30）。

广德市滨河学校原有建筑多采用米黄色涂料以及竖向构件，扩建项目尊重原有建筑设计元素，旨在将新建楼栋融入原有场地及环境，实现学校整体风格的统一（图 5.2-31）。外立面设计与原有中小学的风格保持一致，其中综合楼及宿舍屋面采用深色单顶形式，立面以浅黄涂料墙面为主基调，底部结合浅色砂岩，以体现校园大气、沉稳的特色。体育馆及食堂作为公共性建筑，采用了更为活跃的、有特色的屋顶形式（图 5.2-32）。

依据学校场地周边情况以及现有建筑群体布局，新建部分总体布局遵循教学、生活和运动三大区域相对集中及动静分区的原则，同时考虑中小学后期分区使用的可操作性，设计将运动区（含主要运动场地、体育馆）、生活区、教学区依次设置于地块西部、中部、东部。

宿舍楼和综合楼建筑空间设计均以半围合建筑群体为主，具有良好的采光与通风条件。通过内部半围合庭院、错落有致的廊道和露台的有效组织，营造出宁静宜人且极具归属感的院落空间，同时也是充满阳光及绿意的学习场所。

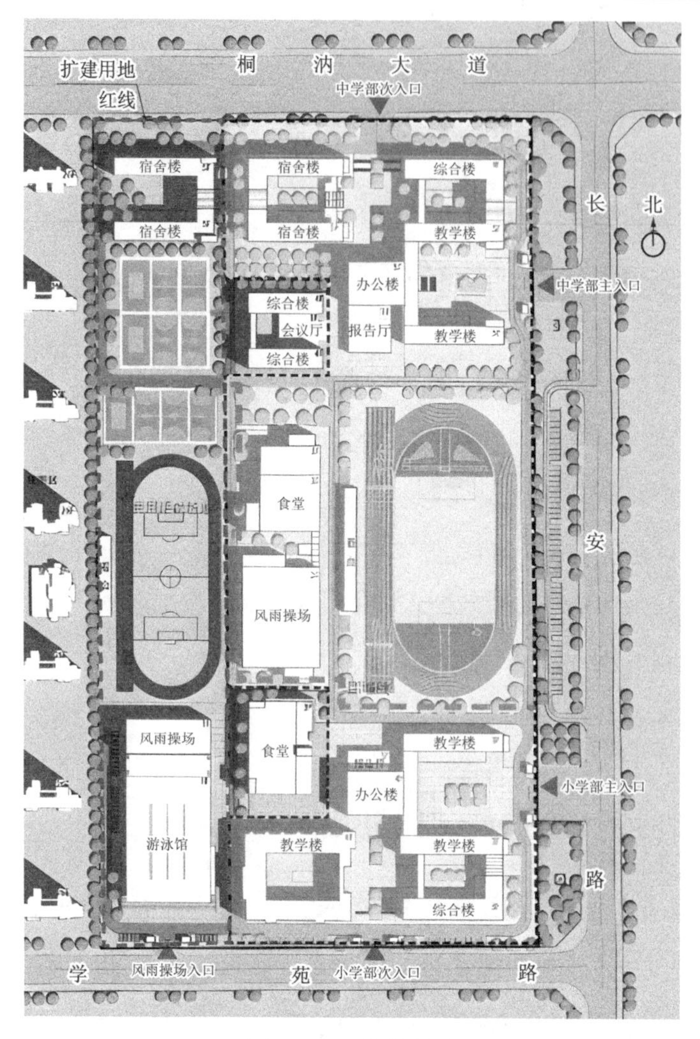

图 5.2-30　学校总图
（设计团队供图）

图 5.2-31　滨河学校改扩建鸟瞰效果
（设计团队供图）

图 5.2-32　学校体育馆透视
（设计团队供图）

各单体平面设计方正规则，经济性较好；室内空间的设计以温馨、细腻、人性化为基本要点，以保障创新型教学的展开为目标，进而营造多层次的室内公共空间节点。其中教学楼、宿舍楼的中庭、回廊、露台是重点打造的节点空间，这些室内空间在设计时强调尽量对外部空间开放，如采用大面积落地窗或天窗等，进而实现与室外景观无缝对接的效果（图 5.2-33）。

地面交通规划清晰、合理，设置内部车行环道，并将主入口设在东侧，紧邻城市次干道，确保人流、车流的快速疏散。校园前区广场为面向城市的开放空间，就近设地面停车场，方便车辆临时停靠。

图 5.2-33　学校生活区透视效果
（设计团队供图）

项目信息

项目名称：广德市滨河学校改扩建工程项目

设计单位：浙江省建筑设计研究院有限公司

主持建筑师/项目主创：来敏、王小川

设计团队（方案＋初步设计＋施工图设计阶段）：来敏、王小川、吕立锋、吴曼悦（建筑）；郑祺、杨秋红、蔡观峰（结构）；王胜龙、李琦（给水排水）；贯伋、郑国鑫（暖通）；童骁勇、何薇（电气）

项目位置：安徽广德

建筑面积：22572m^2

设计周期：2021 年 3 月—9 月

业　　主：广德市城市建设项目服务中心

结　　构：框架结构

材　　料：真石漆、涂料、铝板、玻璃

5.2.6 广德市桃州一小东校区及其附属幼儿园（建成）

项目位于广德市中心区域，南至团结路，北至双桥路，西至规划道路圣西路，总用地面积约为 53420m^2（图 5.2-34）。本次设计的小学和幼儿园项目定位均为中高端学校，满足绿色建筑一星要求，其中桃州一小东校区规模为 39 班（含 3 个备用班级），用地面积约为 44522m^2；附属幼儿园规模为 15 班，用地面积约为 8898m^2。

图 5.2-34　桃州一小东校区及其附属幼儿园整体鸟瞰效果
（设计团队供图）

1. 用地特点

场地形状极不规整，南北向长达 350m，东西向最宽处约 160m，最窄处约 65m，场地内涉及拆迁建筑及保留翻新的建筑，土地利用率相对较低。小学用地和幼儿园用地组合在一起，既要考虑方便不同年龄段学生的使用及教师的管理，减少互相干扰，还需要考虑两个校区车辆的集中停放，节约土建成本。场地的各种限制条件给本项目设计带来了较大的挑战。

2. 平面布局生成过程

为尽量避免用地不利因素产生的影响，设计尝试了如下不同的平面布局方案。

● **方案一**：如图 5.2-35 所示，将幼儿园设置在场地最南侧，中部为小学教学组团，呈南北向布置，保证采光；学校的形象主入口布置在东侧；运动场地设置在场地最北侧。该方案中，体育运动场布置较为舒展，能够形成正南正北向，且可以实现 300m 环形跑道；另外，可将幼儿园作为重要的节点建筑进行设计，打造成城市亮点。然而，该方案存在场地南侧城市道路对幼儿园有较大噪声影响的缺点，幼儿园早晚接送时间段也会对该路段产生一定的交通拥堵影响。

● **方案二**：如图 5.2-36 所示，将幼儿园设置在场地最北侧，场地中部为小学教学组团，学校的形象主入口布置在场地西侧；运动场地设置在场地最南侧，同时将体育运动场南偏西旋转 4°，保证容纳一个 250m 的环形跑道和一个 100m 的直跑道。该方案布局主要有三个优点：首先，教学行政主楼面向东侧主入口，能够形成一个开阔明朗、大气庄重的学校前广场形象；其次，将体育运动场布置在场地周边噪声最大的东南侧，最大限度地减小了噪声对学校的影响；最后，将幼儿园布置在场地北侧，相对减小了对城市主干道路的交通压力。该方案的缺点为体育运动场跑道有缩减，运动场地分散。

3. 最终布局生成

在对以上布局方案的分析过程中，建筑师也在思考一个问题，即设计的本质是什么。在笔者看来，设计其实没有对错，也没有绝对的完美，做设计不是做一个简单的判断或选择，而是在综合思考各种矛盾之后所做出的一种取舍。在这个项目中，权衡利弊后，我们决定保留我们认为对学校更为重要的那一部分，即学校主入口开阔明朗、阳光大气的前广场形象（图 5.2-37），教学楼正南正北向的布局以及开放式教学活动空间。相应地，设计舍弃了 300m 环形跑道，在满足规范要求的前提下，选择以一条 250m 南偏西环形跑道和一条 100m 直跑道进行替代。

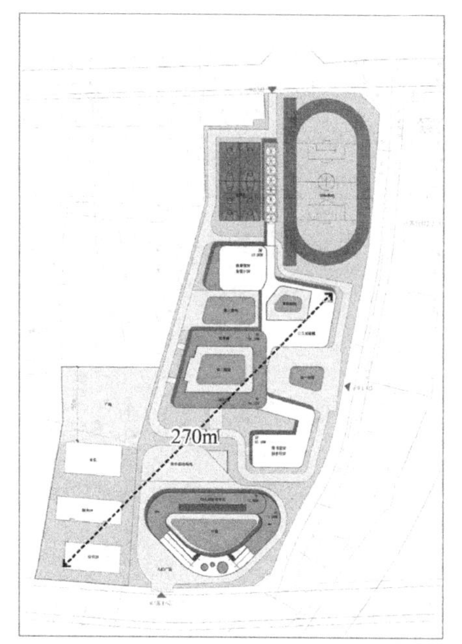

图 5.2-35 方案一
（设计团队供图）

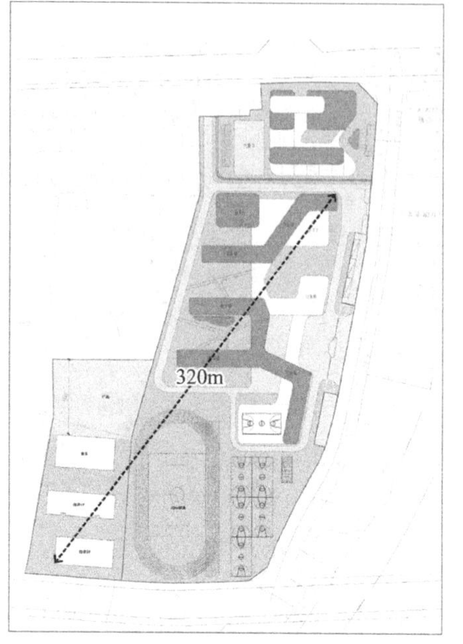

图 5.2-36 方案二
（设计团队供图）

图 5.2-37 桃州一小东校区主入口效果
（设计团队供图）

4. 空间创新

如何创造一个能够契合现代化教育理念的、既开放又融合的教育教学空间，成为贯穿该项目设计始终的核心问题。建筑师希望这所学校成为现代化水泥森林中的一片活力绿洲，拥有能够激发学生创新发散思维的教学空间，同时也是时刻充满活力的社区学习中心。为了最大限度地将“阳光、绿地和活力”融入校园，建筑师对传统的院落围合空间进行了创新设计，通过架空、穿插、拼叠、错动等空间设计手法，使建筑空间富于变化，体块之间复杂的联系模糊了室内外空间的界限，建筑本身成为联系校园功能及景观环境的纽带（图 5.2-38）。

图 5.2-38　沿街展开立面效果
（设计团队供图）

（1）为了得到最为集约的建筑用地形式，以释放尽可能多的开敞空间，在建筑设计之初，教室、办公空间、走道及食堂、图书馆等各类功能被协同整合在一个四层体块之内。进一步，根据各类法规和日照通风等要求，建筑师对这一体量进行了相应的拉伸操作，在拉伸过程中，相邻的楼层以相异的方向进行转折和错动，从而构成了交织错落的形体关系。传统意义上的校园内，教学楼、办公楼、图书馆、食堂、风雨连廊等不同功能空间可谓泾渭分明；而在这里，交错之后的建筑体型模糊了建筑楼栋之间的边界，同时也模糊了室内、走道、连廊、屋顶平台之间的界定，全新的空间使用机会应运而生。一系列不同尺度的平台和灰空间在为师生提供风雨交通的同时，也为学校教学和学生课余的空间使用提供了丰富多样的可能性。多标高的屋顶平台也被赋予了不同的使用功能和教学意义，在竖向上丰富了校园的第五立面。

随着建筑单元概念的模糊与淡化，整个校园呈现了围而不合的空间姿态（图 5.2-39）。在平面和空间上均呈现出交错的建筑体型，在面向校园的周界形成了多个尺度不一的院落。这些院落借助建筑的错层平台、连廊和洞口形成相互之间的渗透，为人的视线、行走路径以及空气和光线的穿越提供了有利的条件。建筑师对传统的走道空间、连廊空间、平台空间的尺度进行了调适，特别将走道的尺寸提升至 3m，强化了空间之间的渗透性。大量易用易达的灰空间与教室紧密衔接，从而为学生们提供了各种室外拓展空间，鼓励他们自发、自主地探索和学习。

（2）结合项目用地较为狭长的情况，建筑师在小学用地内，将教学组团和体育馆、报告厅、食堂、行政楼围合形成一条通透开放、活泼有趣的“中轴街”。这条中轴街贯穿东侧小学主入口形象广场和北侧的景观活动平台，同时连接南侧运动操场和西侧教学组团庭院。

其空间形式并不是一条常规的直线，而是顺应周边关系走向的一条线形厅廊，自然而不僵硬、围合而不封闭，有开有合、张弛有度。与此同时，在教学楼和幼儿园内，开放式厅廊的设计激发了学生间的交流活动；各层连廊均设置有上下串通的开放式楼梯，在方便学生进行教室间转换的同时，也积极促进了跨年龄学生间的交往。大龄儿童的活动可以让小龄儿童观摩学习，小龄儿童的活动也能够得到大龄儿童的指导，不同年龄段的学生能够积极互动、共同发展。在幼儿园内，建筑师还特地设计了一条坡道，贯穿每层上下并连接每层的开放活动平台，让小孩子能有充分接触大自然的机会，充分满足其爱玩的天性。此外，幼儿园的室外活动场地全部朝南布置，其中 8 个布置在首层，另外 7 个布置在屋顶，充分保证小孩子能有阳光充足的成长活动空间（图 5.2-40）。针对小学部分，建筑师在教学楼首层布置了多类型的学科教室，通过设置一组或多组活动玻璃墙，使这些教室可被完全“打开”，并与庭院相融合。在这里，教室与庭院共同承担着教学任务，师生可自由选择授课的地点与模式，更有利于激发学生的课堂积极性，提高学生的观察能力。

图 5.2-39　内院空间

（设计团队供图）

图 5.2-40　桃州一小附属幼儿园鸟瞰效果

（设计团队供图）

5. 立面表皮

立面形式延续了层间体量交错的空间逻辑，结合简约现代的形式语汇，诸如白色涂料的基调、层间分明的构造分缝、整体固定的玻璃窗扇、色彩缤纷的窗套等，共同构成了校园鲜明的、可识别的文化特征（图 5.2-41）。针对不同人群的不同行为，以不同的建筑围护元素分别予以回应；采光固定扇不仅带来了充沛的自然光线与完整的视野，同时减少了人工光源的使用，最大限度地节约了能源；彩色的铝板持续地以某种规律和节奏出现在开放式的走廊一侧，生成某种秩序，使建筑的南北虚实界面有一种内在统一的整体感，丰富了走廊一侧校园空间使用者的感知与体验。色彩选择上，建筑师在整体白色的校园主基调中植入了同一色系的暖色系活跃色，并随着楼层的升高而逐层变化。活跃色的加入打破了常见的素色系校园给公众和孩子带来的刻板印象，进而营造出一种更为轻松、活泼的校园氛围，为在此就读的孩子们带来一抹彩色的童年回忆。总体而言，校园的整体造型设计通过对传统元素的提取简化，创造了一个颇具现代感、能够充分展现学校人文气息的建筑形象。

图 5.2-41　立面材质色彩对比
（设计团队供图）

项目信息

项目名称：广德市桃州一小东校区及其附属幼儿园工程项目

设计单位：浙江省建筑设计研究院有限公司

主持建筑师/项目主创：来敏、王小川

设计团队（方案＋初步设计＋施工图设计阶段）：来敏、王小川、吕立锋、吴曼悦（建筑）；郑祺、杨秋红、蔡观峰（结构）；王胜龙、李琦（给水排水）；贾伋、郑国鑫（暖通）；童骁勇、何薇（电气）

项目位置：安徽广德

建筑面积：37191m²

设计周期：2021 年 3 月—9 月

业　　主：广德市城市建设项目服务中心

结　　构：框架结构

材　　料：真石漆、涂料、铝板、玻璃

5.2.7　萧山区金惠小学（方案）

项目选址位于杭州市萧山区，用地北临金惠路，东侧为金惠中学，西侧为住宅安置房，南侧为官河河道。项目总用地面积为 25297m²，总建筑面积为 37965m²，其中地上建筑面积为 22990m²，地下建筑面积为 14975m²（图 5.2-42）。

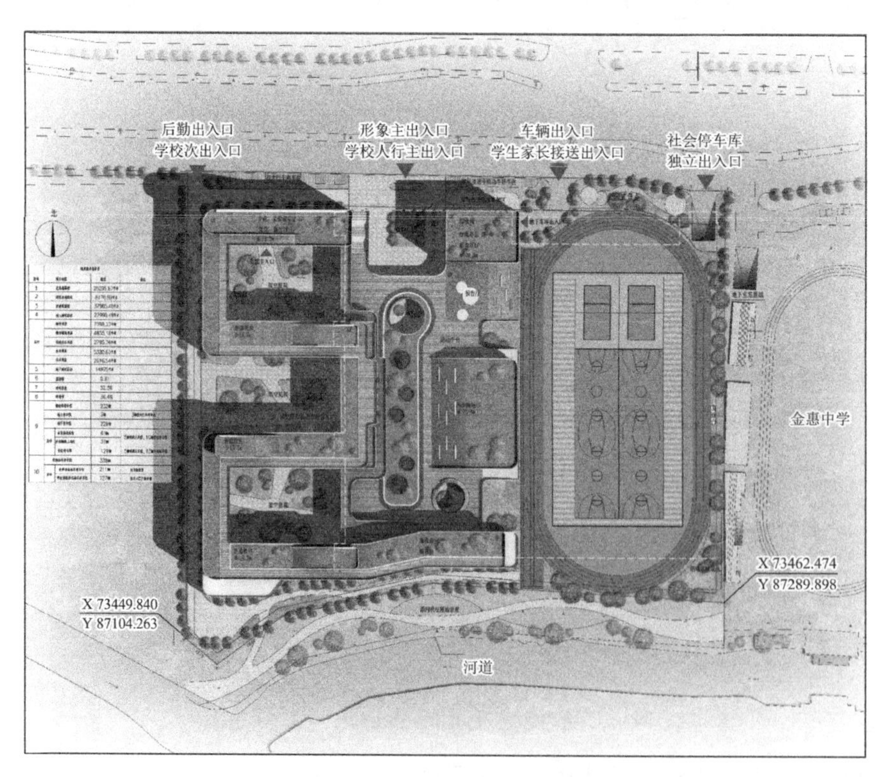

图 5.2-42　金惠小学总平面图

（图片为作者方案阶段原创设计效果）

1. 设计立意

项目摒弃传统校园的设计思路，结合现代教育理念，围绕“融合生长”这一主题，打造“中轴学习街”系统，将集约化教育综合体、单元化教学核心、便捷交通网络、密点式公共空间以及非正式学习空间等通过开放的连廊和平台相连，并最终通过中轴街融为一体，为学生们打造行为和场所相融合的多元化教育空间，以适应当代教育理念的变化（图 5.2-43）。

图 5.2-43　金惠小学鸟瞰效果，通过不同楼层的共享平台、连廊打造现代化的教育综合体

（图片为作者方案阶段原创设计效果）

2. 总体布局

对于项目总体布局的思考主要包括以下三个方面（图 5.2-44）。

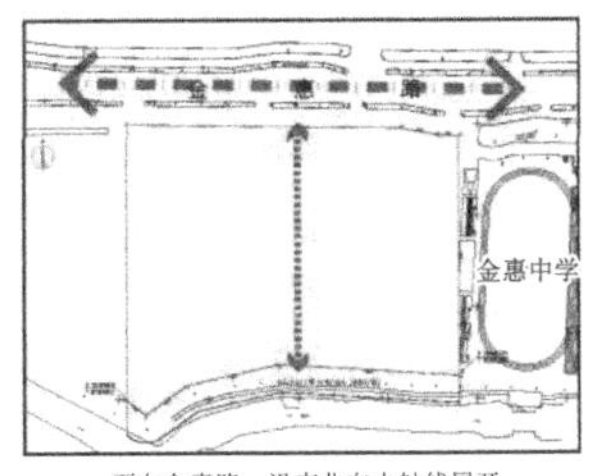

面向金惠路，沿南北向中轴线展开

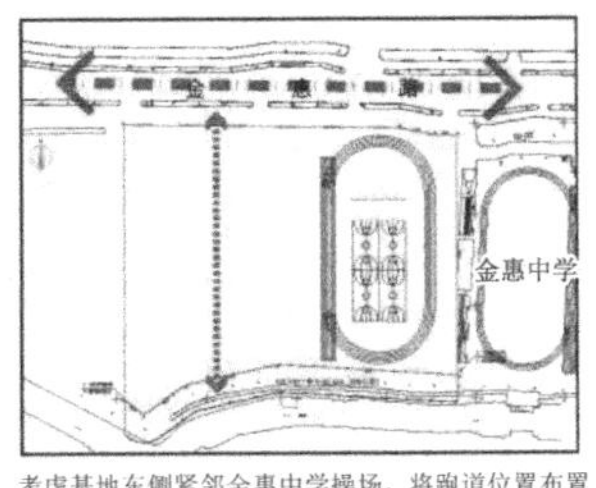

考虑基地东侧紧邻金惠中学操场，将跑道位置布置在基地东侧，并将中轴线向西侧移动

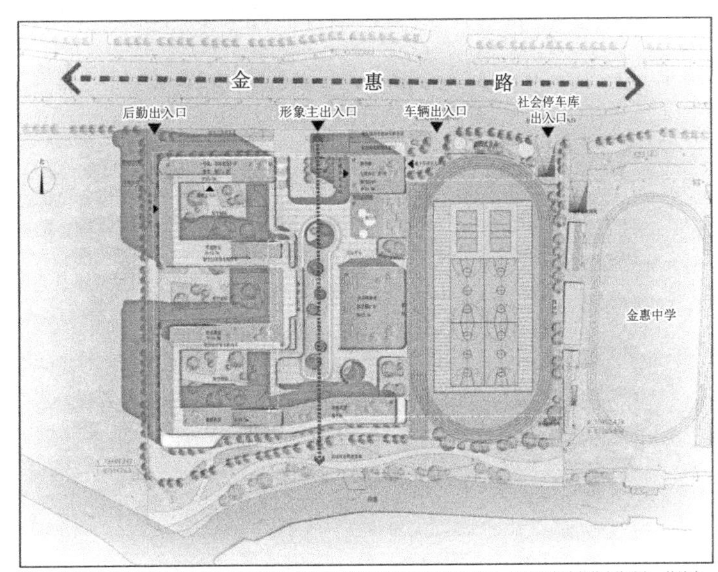

根据中轴线确定学校形象主出入口，中轴线两侧靠近城市道路设置食堂与行政办公楼，隔绝来自城市道路的噪声；基地南侧布置教学组团，形成动静分区；在基地西侧设置后勤出入口，东侧设置社会停车库出入口

图 5.2-44　金惠小学布局分析

（设计团队供图）

（1）针对用地北侧紧邻城市道路，南侧紧邻官河河道且景观环境较好的特点，考虑将与外部有紧密功能联系的单体，如食堂和行政楼布置在临城市道路的场地北侧，而将阅览室和普通教室等教学单元布置在临景观河道的场地南侧，从而充分利用优美的河道景观环境为教学活动服务。

（2）从动静分区的角度看，鉴于场地北侧临城市道路，容易受到交通噪声的干扰，考虑将辅助用房布置在北侧，而将教学用房布置在南侧，从而确保师生上课环境的安静。

（3）对于操场的定位，考虑到用地紧邻东侧金惠中学的操场，基于相同功能彼此相邻的原则，设计将 300m 跑道布置在金惠中学的室外运动场相邻一侧，避免教学用房受两侧运动场夹击干扰的情况。整个教育综合体面向操场水平展开，迎东面向 300m 环形跑道和国旗台，从观感的角度看，也较为舒适。

3. 功能分区

基于以上总体布局思考，在校园功能分区上（图 5.2-45），考虑沿金惠路布置综合楼和行政楼，其中综合楼布置在整个场地的西北侧，首层为食堂，后勤厨房区域设在西侧，2～4 层为教学辅助用房；行政楼布置在场地的东北侧，首层功能主要为报告厅，2～4 层为行政办公用房。两幢楼面向城市道路半围合形成一个开放的校园主入口广场。主要教学用房则布置在场地南侧，朝向河道呈纵向和横向双向式生长，形成一个相对安静的教学组团。校园东侧为体育运动区，主要为 300m 环形跑道的室外运动场，贯穿用地南北，在其中心位置西侧布置风雨操场。最后，结合任务书要求与用地周边居民分布情况，在 300m 环形跑道北侧设置一处城市公园景点，与校园分开管理，独立成区，方便附近居民户外活动。

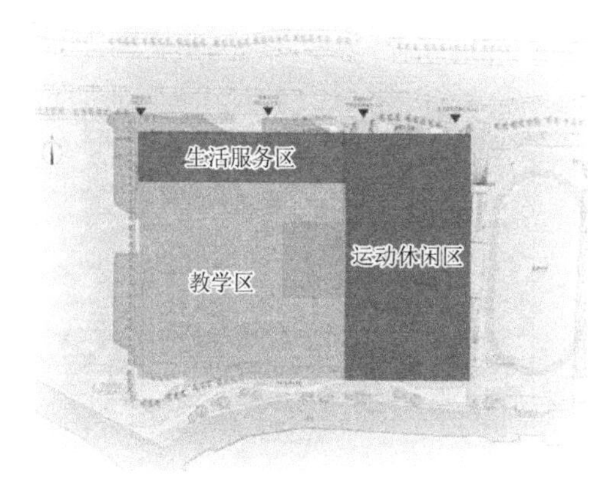

图 5.2-45　功能分区
（设计团队供图）

4. 规划结构

设计通过打造“中轴学习街”这条校园文化主轴来串联综合楼、教学楼、风雨操场和行政办公楼，使各栋楼宇之间既相对独立，又有便捷通畅的联系路径，同时为师生创造全天候、开放包容的户外活动交流空间。

5. 交通流线设计

（1）出入口。学校共设置两个校园出入口及两个地下车库出入口（图 5.2-46），其中用地中心正北侧面向城市道路设置校园人行迎宾礼仪主出入口，用地西北侧靠近食堂厨房区域设置后勤出入口。操场北侧设置两个地下车库的出入口，分别为社会公共停车库出入口和校用（教职员工及学生家长接送）车库出入口。社会公共停车库位于操场下方，与校用车库进行物理分隔，彼此互不干扰，在必要的通道上设置门禁；同时，社会公共停车库设置独立的变配电所，做到用电计量独立统计，方便独立管理。

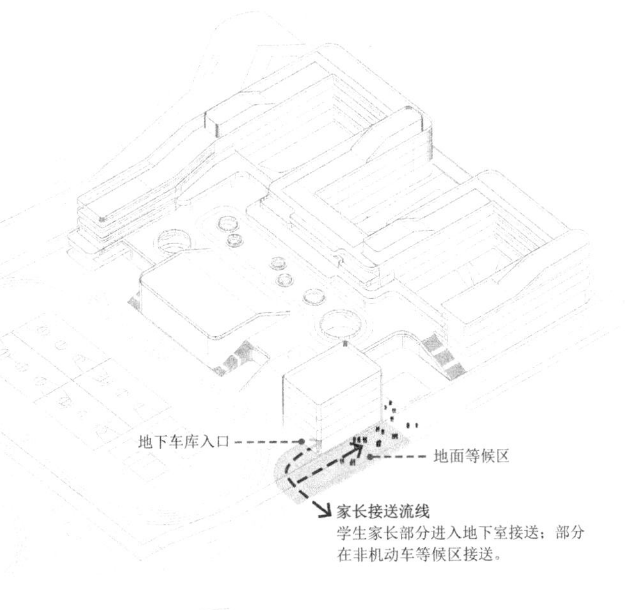

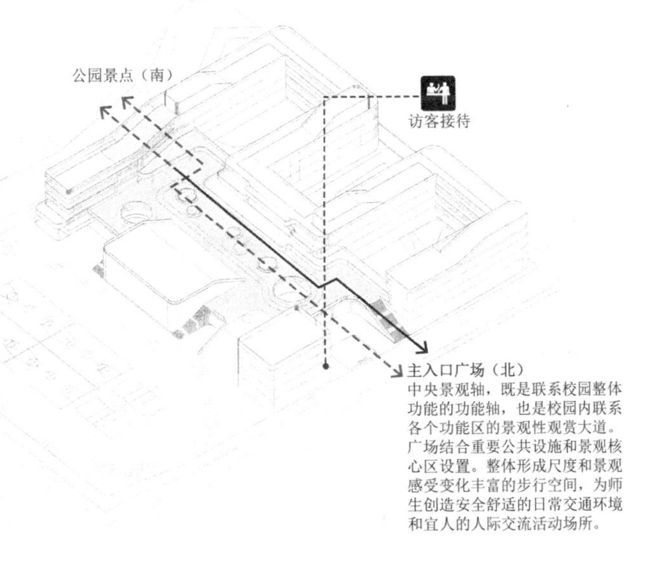

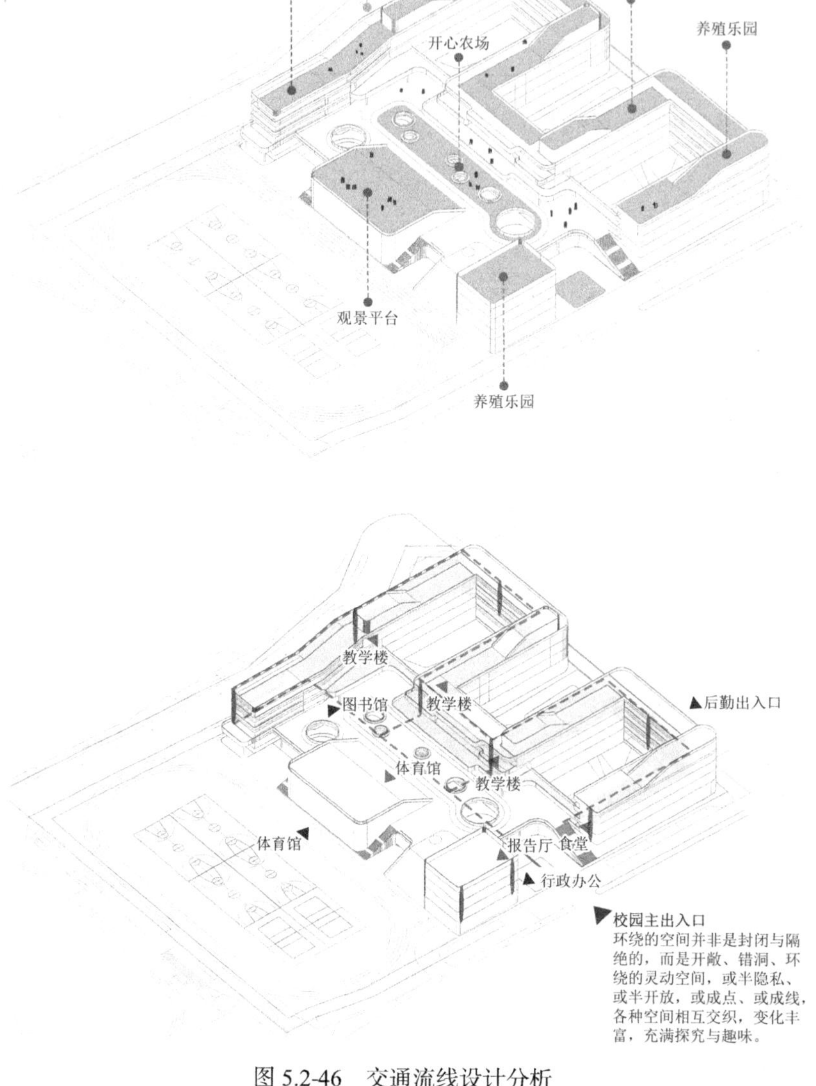

图 5.2-46　交通流线设计分析
（设计团队供图）

（2）停车位。校用车库停车位主要包括教职员工停车位、家长接送停车位和学校大巴车停车位。接送停车位靠近家长接送等候大厅，教职员工停车位则独立成区，大巴车停车位布置在学校入口广场西侧，方便校车上下学接送学生。机动车停车位数量符合地方标准要求，同时按标准设置一定数量残疾人车位和电动车车位。学校非机动车停车位主要设置在地面，其中家长接送非机动车停车位设置在入口广场东侧，并配置家长接送地面等候区；教职员工非机动车停车位设置在教学楼架空层。

（3）交通流线。学校人行流线为通过北侧校园人行主出入口，穿过入口广场，通过中轴学习街到达不同的功能区块。车行流线为通过北侧的两个机动车出入口直接下地下车库，与地面人流互不干扰。食堂后勤有独立的出入口，货物可直接到达后厨卸货平台，与教学区域彼此分开。交通流线整体上实现了人车分流，为学生们创造了一个安全舒适、幽静温馨的学习环境。

6. 亮化照明

考虑到城市美观和夜间学习的要求，校园适度设计景观亮化及夜景照明系统，其中，中轴学习街是重点亮化区域，方案采用点、线、面结合的方式，用 LED 灯带勾勒出整体建筑轮廓，实现建筑整体亮化，并在局部点缀庭院景观照明系统（图 5.2-47）。

图 5.2-47　校园局部照明效果
（图片为作者方案阶段原创设计效果）

7. 建筑单体设计

（1）建筑形态与环境。建筑形态设计整体灵动有机，现代化的立面设计舒展大气，颇具人文底蕴。在景观空间营造上，通过中轴学习街、不同层级的庭院、开放活动平台的设置，形成一个空间自由、层次丰富的教学景观空间（图 5.2-48）。在综合教学楼的屋顶还设置了若干块大小不等的田园种植区，让学生能够亲身体验农业种植的乐趣。

图 5.2-48　操场方向人视效果
（图片为作者方案阶段原创设计效果）

（2）平面功能布局。设计围绕任务书要求，在教学楼 2～4 层布置 36 班普通教室和 6 班选修教室，最大限度地满足了教学空间的日照采光要求。南侧沿河道景观环境最优美的区域布置师生阅览室，为师生阅读、学习提供幽静、怡人的环境。食堂后厨区域则布置在靠近西北侧后勤出入口处，最大限度地减少了对校园环境的影响。

地下室主要为停车库，辅助功能包括多功能活动室、学生家长接送大厅及相关设备用房。多功能活动室和家长接送大厅围绕下沉庭院布置，与地面景观环境彼此渗透，避免了传统地下空间压抑、幽暗的缺点。设备用房则集中设置，便于管理。

整个校园规划通过连廊、平台、绿坡等共享空间的设置，打造出充满阳光、诗意活泼的现代教育空间，为孩子成长创造了一个优美的学习环境（图 5.2-49）。

图 5.2-49　小学入口人视效果

（图片为作者方案阶段原创设计效果）

项目信息

项目名称：萧山区金惠小学新建工程项目

设计单位：浙江省建筑设计研究院有限公司

主持建筑师/项目主创：来敏

设计团队（方案设计阶段）：来敏、宋雨、吴政轩（建筑）

项目位置：浙江杭州萧山

建筑面积：37965m^2

设计周期：2019 年 4 月—5 月

业　　主：杭州市萧山区教育局

结　　构：框架结构

材　　料：真石漆、涂料、铝板、玻璃

5.2.8　星桥第四小学（方案）

项目建设场地属杭州星桥街道南星社区，位于星灵路以北，打铁港以东，星源路西侧。项目总用地面积为 32306m²，规划建设一所 36 班规模小学，地上计容建筑面积为 25812m²（图 5.2-50），容积率为 0.8，绿地率为 43%，建筑限高为 24m。

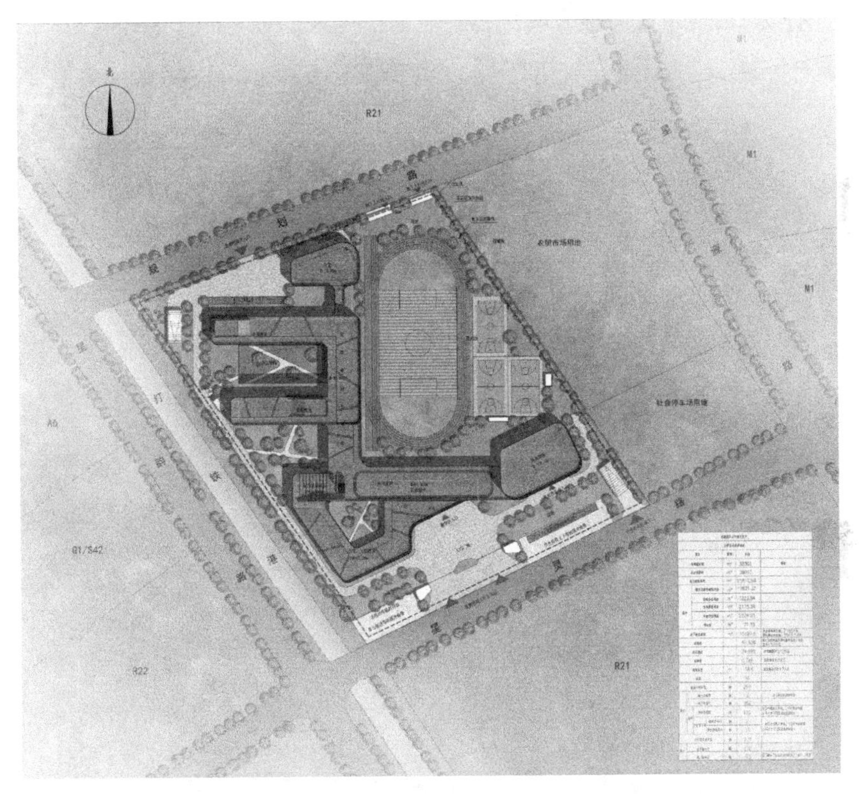

图 5.2-50　星桥第四小学总平面图
（图片为作者方案阶段原创设计效果）

本方案设计为 2～4 层、各个功能区块相互连接组合而成的教育综合体，主要由普通教室、专业教室（科学教室）、风雨操场、教工与学生食堂、配套行政办公及设备用房等功能组成。其中，教学行政和生活服务用房地上部分各层层高 4.2m，风雨操场层高 8.4m，地下机动车库和音体活动用房层高 5.7m，地下非机动车库层高 3.6m。

在设计之初，通过对场地的不同思考，建筑师考虑了如下几种总体布局方案（图 5.2-51）。

● **方案一：** 专业教学区沿正南向布置，操场与风雨操场偏东侧布置以隔绝噪声，教学区沿西侧景观布置，南面形成大气的人行入口广场。

● **方案二：** 专业教学区与操场正南向布置，操场偏东南侧布置，风雨操场东北侧布置以隔绝噪声，教学区沿西侧景观布置。该方案主要缺点是北面为主入口，南面无形象入口。

- **方案三**：专业教学区正南向布置，操场与风雨操场偏东侧布置以隔绝噪声，教学区沿西侧景观布置。该方案主要缺点为教室未形成正南正北布置，且功能分区需进一步优化。

- **方案四**：专业教学区正南向布置，操场偏东侧布置，风雨操场东北侧布置以隔绝噪声，教学区沿西侧景观布置。该方案主要缺点为操场未形成正南正北布置。

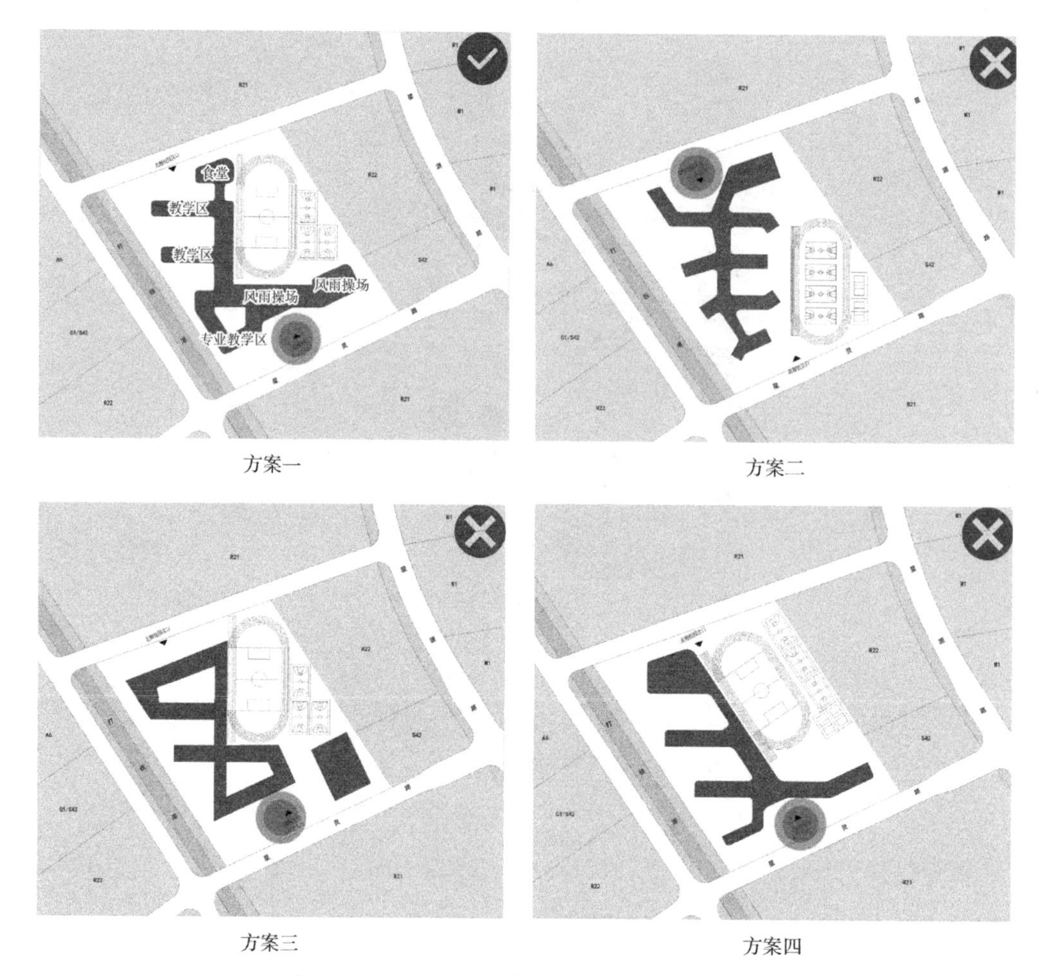

方案一　　方案二

方案三　　方案四

图 5.2-51　总体布局方案，其中方案一为最优解
（设计团队供图）

在进行以上布局对比分析的同时，建筑师结合用地道路形态和教学楼南北朝向的要求，建立起两套轴网，并对这两套轴网进行叠加，从而生成总图形态轮廓。

考虑场地周边控制性要素对总体布局的影响，首先，在靠近噪声和一类工业用地的一侧布置 250m 环形跑道室外体育运动区，而在靠近河道景观的一侧，结合城市道路边界布置教学区和行政区，并保证普通教室呈正南正北朝向。其次，利用连廊、交流平台等公共活动空间将教学楼和行政楼连为一体，使建筑整体布局顺应用地形态，并对地形环境作出呼应。在此基础上，通过优化整个建筑形体，进一步强调主入口，确保其与地形结合得更加自然。再次，确定风雨操场和食堂后勤的位置，将风雨操场布置在场地东南角以隔绝东侧噪声；将食堂后勤布置在北面，并设置独立的后勤餐饮出入口。最后，通过不同功能的合理组合，打造一个开放、共享的校园综合体，高、低年级教学组团围绕中轴线设置，实现校园空间的最大化利用，并形成校园的整体格局（图 5.2-52）。

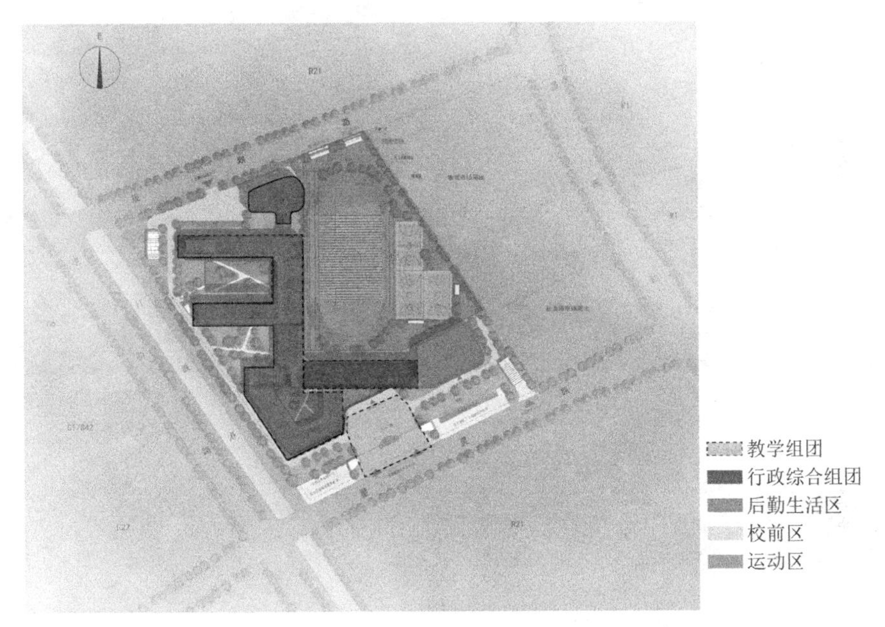

图 5.2-52　学校功能定位分析
（设计团队供图）

本着体现现代教育模式的开放性与交互性的特点，景观设计上着重注意不同性质空间的连贯性与渗透性（图 5.2-53～图 5.2-55）。通过将建筑与地形相结合、室内空间自然化和景观场所建筑化等方式，使打铁港河道、教学庭院、校园中轴共享体和运动场景观彼此渗透，校园景观系统因此具有了流动性。校园综合体旨在打造一个多层次的屋顶花园体系，为每个年级的学生创造各自的户外活动平台。在不同标高的户外平台上，设置有屋顶跑道、阶梯花园和可供学生开展农业生态友好尝试的蔬菜培植园，这些具有创新性的设计避免了传统校园内高楼层学生必须跑到首层空旷地带去活动的尴尬。此外，不同的教学单元通过面向打铁港河道开放的景观庭院互相结合，并将其中较大的一个庭院设计为下沉景观庭院，围绕下沉庭院设置各类音体活动教室和家长等候区，从而为地下一层建筑使用空间带来了良好的通风、采光以及地下与地上的视线互通，提高了用地的使用效率。通过以上景观设计手法，为学生创造出多层次的户内外活动空间，并最终获得一个生态的、以人为本的、具有文化内涵的校园环境。

图 5.2-53　星桥第四小学鸟瞰效果
（图片为作者方案阶段原创设计效果）

图 5.2-54　沿河建筑透视效果
（图片为作者方案阶段原创设计效果）

图 5.2-55　操场透视效果
（图片为作者方案阶段原创设计效果）

项目信息

项目名称：星桥第四小学项目

设计单位：浙江省建筑设计研究院有限公司

主持建筑师/项目主创：来敏

设计团队（方案设计阶段）：来敏、宋雨、吴政轩、夏富伟、平维桢（建筑）

项目位置：浙江杭州

建筑面积：39010m²

设计周期：2020 年 3 月—4 月

业　　主：杭州南苑控股（集团）有限公司

结　　构：框架结构

材　　料：真石漆、涂料、玻璃

5.2.9　萧山区市心路初中（方案）

项目位于杭州市萧山区经济技术开发区，用地东至宁税路，南侧为建设二路，西侧为经十路，北达纬六路。用地面积约为 7.49 万 m²，规划建设一所 60 班规模初中，总建筑面积约 12 万 m²，其中地上建筑面积约 9 万 m²，地下建筑面积约 3 万 m²（图 5.2-56）。

图 5.2-56　市心路初中鸟瞰效果
（图片为作者方案阶段原创设计效果）

1. 总体布局

（1）一轴三区多院落的模式

一轴为贯穿学校南北的共享交流轴，串联起学校的各个功能；三区分别为普通教学区、公共教学区和生活运动区；建筑组团与开放的公共空间形成聚落式的院落空间形态，在保持校园对城市界面完整性的同时，聚落内部开放、连通、绿色的景观系统渗透到各组团间。

（2）科学合理的功能分区

充分考虑到各功能特征及场地周边环境的关系，建筑师将普通教学区布置在地块东侧，沿城市道路以多院落组合模式展开；将学校操场布置在西侧，靠近场地机动车出入口（图 5.2-57）；将国际交流中心相对独立地布置于地块南部，方便外来学习交流人员进出，并通过连廊平台与公共教学区紧密联系；将风雨操场和后勤服务区布置于地块北侧，靠近用地次入口；将包括阅览室、报告厅、教学办公用房等的公共教学区布置在地块中部。整体功能分区清晰、明了又紧密联系，动静分区合理，互不干扰。

图 5.2-57　操场透视效果

（图片为作者方案阶段原创设计效果）

（3）清晰而有效的流线设计

地块共设一个主出入口、两个次出入口。学校人行形象主出入口设在南侧建设二路上，通过建筑的围合布局打造出开放的入口礼仪广场形象（图 5.2-58），在广场两侧设置学生家长等候区及地面非机动车停放区，以缓解学生集散对城市道路的影响。北侧次出入口为后勤及学校车辆出入口，方便教职员工及后勤人员进出。社会公共停车库布置在操场下方，并在地块西侧设置一个独立的出入口，方便社会车辆及家长接送停车。整个校园在交通规划上实现了人车分流，校园内部以步行为主；消防车道沿建筑外围设置，并通过南侧和北侧两个出入口与城市交通联系，满足消防设计要求。

图 5.2-58　学校入口半鸟瞰效果

（图片为作者方案阶段原创设计效果）

（4）富有情趣的人性化空间设计

基于对杭州城市特质与自然景观的深入研究，设计采用与场地对话的方式来探索教育空间设计的可能性，打造以水平舒展、层峦叠嶂走势为空间意向的缤纷聚落，营造充满生命力的森林学校氛围。

①首层架空

学校采用首层局部架空的布局方式，庭院与架空空间无缝衔接，为学生们提供半室外的活动场所。空间具有极强的开放性及景观绿化的渗透性，激发学生与之互动并探索其中（图 5.2-59）。

图 5.2-59　庭院内景效果

（图片为作者方案阶段原创设计效果）

②共享交流绿廊

方案设计一条贯穿场地南北的中央景观绿轴（图 5.2-60），围绕绿轴两侧设置不同层次的立体共享交流绿廊。共享交流绿廊不仅可作为建筑单体之间的主要交通廊道，也是供学生课间交流、学习、漫步和玩耍的人性化景观空间。

图 5.2-60　中央景观绿轴
（图片为作者方案阶段原创设计效果）

③立体社交空间

设计通过构建立体的社交空间网络，在高密度的城市环境中最大限度地保留了诗意的交往空间，为年轻人之间灵魂的碰撞提供了必要的空间载体（图 5.2-61）。设计重点打造的“空中交流圈”不是一个简单的连廊系统，而是一个由楼梯、坡道、大阶梯、架空层、屋顶花园等开放空间串联起来的连贯的社交空间网络体系，它同时连接了校园中最为公共的功能区域——灵活教室、共享学习区、露天阶梯教室等。这一系列非正式的集合空间和创新启发式的学习空间，为学生们提供了一个多楼层分布、课间可达的社交场所，为真正实现“三人行，必有我师焉”的自主自发社交型学习创造了必备条件。

④功能复合，灵活可变

设计强调功能的复合性和可变性，如多功能室内篮球馆兼具大型晚会厅、羽毛球场、排球场、看台等复合功能；多层次空中花园的设计充分挖掘土地价值，为学生们创造开阔的、多样化的课间活动空间；屋顶的稻田种植园让学生们全程参与粮食从播种到收成的每一个阶段，在有限的土地空间激发孩子们的无限可能，真正培养适应未来世界的有趣、有爱的人（图 5.2-62）。

图 5.2-61　立体多层次交流平台
（图片为作者方案阶段原创设计效果）

图 5.2-62　屋顶花园、空中平台、下沉庭院等构成了多层次立体的学校交流空间
（图片为作者方案阶段原创设计效果）

⑤人性化学生接送设计

在地下车库靠近下沉庭院区域集中设置家长接送等候区，学生可以直接从教学区通过下沉庭院进入接送区，有效解决学生接送的疏散问题。

2. 建筑造型

建筑形态旨在打破传统校园与周边城市环境隔绝的“围墙”印象，营造积极的城市共享界面，场地南北两侧主、次出入口形成放大的入口共享空间，以更加宜人的、开放的姿态融入城市环境（图 5.2-63）。

操场西侧抬升至一层高的环形平台与南北两侧的建筑主体以及景观看台相连接，整合了校园中重要的室内外活动文化设施和开放空间。

图 5.2-63　学校与城市界面营造

（图片为作者方案阶段原创设计效果）

优美的建筑形体呈南北向线性布置，在优化教室通风采光的同时，在场地内外创造东西向视觉通廊。此外，基于精确的日照模拟分析，进一步采取高低错落的建筑体型变化，形成连绵起伏的天际线，创造出一系列空间体验各异的屋顶花园；连续的空中活动圈串联起一系列尺度、高低不同的架空层，提供了视野极佳的第二地面。

3. 景观塑造

景观设计上除了打造贯穿场地南北的中央景观绿廊外，还通过微地形花园、下沉庭院、空中绿化平台、屋顶花园等，打造了多层次立体化的景观体系，充分体现“校在绿中”的设计理念。通过构建绿色、生态的人性化校园，不仅能为师生提供更广泛的文体活动空间，更能重建人与自然的联系，让每个孩子在风景优美的环境下茁壮成长，梦想花开。

项目信息

项目名称：萧山区市心路初中新建项目

设计单位：浙江省建筑设计研究院有限公司

主持建筑师/项目主创：来敏

设计团队（方案设计阶段）：来敏、宋雨、吴政轩、平维桢（建筑）

项目位置：浙江杭州

建筑面积：约 12 万 m^2

设计周期：2021 年 5 月—6 月

业　　主：杭州市萧山区教育局

结　　构：框架结构

材　　料：真石漆、涂料、铝板、玻璃

5.3 高等院校

5.3.1 常州大学（建成）

常州大学西太湖校区用地较为方正，南面为延政西大道，东面为丰泽路，北面为锦华路，西面为孟津河，总用地面积约 66.33 万 m^2，总建筑面积约 36.83 万 m^2，其中地上建筑面积 34.84 万 m^2（图 5.3-1）。

1. 布局与功能分区

校园总体规划采取“一带并五区”的布局，设计通过滨水景观带把五大功能区有机串联，融为和谐的整体。滨水景观带把用地分为南、北两区，南区主要为教学区，布置综合教学楼和国际交流中心等 6 个院系，其中位于东南角的国际交流中心综合体建筑以其极具动感的玻璃金属幕墙及清晰活泼的体型成为南区的标志性建筑。南区以景观大道为主轴线，北侧桃李园种满桃花和梨花，寓意桃李满天下。另外，把老校区小花园内的蘑菇亭、石板桥原物搬置其间，给老校友带来无比美好的回忆。北区主要规划为生活区和文体区，布置宿舍、体育运动场地及其配套建筑等（图 5.3-2、图 5.3-3）。在北区的最北面布置基础实验楼，以最大限度地减少化工类实验楼对校区环境的影响。南、北两区在布局规划上既相对独立又紧密联系。在校区整体安排上，考虑将学校标志性建筑——图文信息中心作为核心，公共教学楼、国际交流中心及学生宿舍三个建筑综合体组团围绕其周围，形成紧密的关系网络，整体上布局灵活，与周边环境对话自然。

图 5.3-1 常州大学实景鸟瞰
（图片来源：丘文三映摄影）

图 5.3-2 常州大学体育馆
（图片来源：丘文三映摄影）

图 5.3-3 常州大学北区
（图片来源：丘文三映摄影）

景观规划设计共引入两条景观带。（1）东西向景观带为生态活力之轴，以校园主入口为景观轴线起点，通过校门前广场、造型飞扬的主校门、入口礼仪广场、图文信息中心和开阔的水面，形成强烈的序列感，体现常州大学大气、开放的特征。（2）南北向景观带为人文之轴，即智慧大道，将成为常州大学西太湖校区中最受关注、也是最受同学们欢迎的一个主题教育区。这是一条集艺术性、思想性、知识性于一体的景观道路，其主干道跌宕起伏，两旁耸立着多组世界名人塑像和石雕长卷，于水际林间体现出常州大学自然、轻松的氛围，彰显“一草一木参与教育”的生态化原则。

2. 单体建筑风格

常州大学西太湖校区的各单体建筑造型多变，风格独特，像一组精心设计的雕塑散落在优美的自然景观中。其造型或舒展，或飘动，或隐喻，或象形，共同给人以强烈的艺术感染和视觉联想，激励并启发着师生去探索。特色鲜明的区域标志性建筑，屹立于校园之中，与“十年树木百年树人”的教育理念相契合。

（1）图文信息中心

图文信息中心位于学校南北主轴的中心位置，是整个学校的标志性建筑，南邻公共教学区，北邻学生活动中心及生活区，作为枢纽连接起学校各大功能区域（图 5.3-4）。图文信息中心同样也是学校信息化、智能化设备设施的中枢，莘莘学子将在这里度过一段精彩年华，这温馨的场所以及隐于其后的智能体系无不在告诉他们这里蕴藏着开启知识宝库的密码，值得他们为之不断探索，以创造未来美好的生活。

图 5.3-4　图文信息中心建成实景

（图片来源：丘文三映摄影）

（2）综合教学楼

综合教学楼位于图文信息中心的西南侧，建筑主体为 4 层楼，呈 U 形对称布置，围合出相对封闭的内院，寓意知识的理性、有序。建筑群的合院形制有利于场所感的产生，其合院中心空间更具凝聚性（图 5.3-5）。南侧、北侧和西侧均设置进入大楼的门厅，120 人以下规模的教室布置于南北两侧形成教学建筑主体，阶梯教室布置在西侧，层数和高度均严格按规划要求执行。北侧底层局部架空，形成半开放的中心活动平台，多层次的交往空间为师生课余的交流讨论提供了更多元的选择。建筑呈现简洁、明快的现代建筑形象，与校园内其他建筑相得益彰。

图 5.3-5　综合教学楼单体透视实景

（图片来源：丘文三映摄影）

（3）国际交流中心、艺术学院、外国语学院

国际交流中心（包含办公、外教活动室及各类工作室）、艺术学院、外国语学院综合楼位于校园东南角，整体呈 T 形布局，南向开口形成敞开式庭院布置，为全校师生及外来宾客提供交流、休憩的场所。平面布局上，国际交流中心位于南侧，艺术学院位于西侧，外国语学院位于东侧，各功能区一层单独设置门厅，方便各自独立管理。该组建筑虽然内部功能相互独立，但在建筑形态上是一个统一的整体。建筑形体高低错落，建筑立面通过不同材质的穿插组合，造就了独特的韵律感和现代感。

（4）基础实验楼

基础实验楼位于整个校园最北侧，在布局上延续了整个校区的秩序性，沿主要景观轴线的两侧分布四栋建筑，合理布局教学、实验等基本功能，并通过标志物、小品、植栽、铺装、照明等手段，形成丰富的景观与宜人的环境，在各部分功能之间建立一种相互依存、相互助益的能动关系。建筑形体在保证整体规整、大气的同时，2 号楼、3 号楼采用局部曲线造型相结合，庄重中不失灵动（图 5.3-6）。

图 5.3-6　基础实验楼实景
（图片来源：丘文三映摄影）

（5）风雨操场和学生活动中心

风雨操场和学生活动中心位于教学区与生活区之间，既方便师生使用，又起到一定的噪声隔离作用，将学习与生活紧密而有机地联系在一起（图 5.3-7）。建筑一层由南向北依次布置了排练厅、1000 人报告厅、学生创业中心、学生一站式服务站、多功能厅等；局部二层布置了风雨操场、琴房、团委办公室等。整个建筑平面形似奖牌，寓意运动健儿勇夺金牌，为校争光。建筑立面采用简洁大方的竖向干挂石材面和条窗，结合圆形平面作起伏状变化，极富现代感和韵律感。空间形态上一方面延续理性格网柱网，另一方面利用弧形体块变化带来柔美的空间感，作为东入口形象的点缀。

图 5.3-7　操场看台实景
（图片来源：丘文三映摄影）

（6）学生宿舍和综合服务楼

学生宿舍和综合服务楼位于校园西北处，西侧紧邻孟津河，景色优美，东侧可远眺中央轴线，周边配套布置学生食堂及体育活动设施（图 5.3-8）。建筑空间形态依照理性网格布局，公寓底层布置商业和服务楼，将学习与生活紧密而有机地联系在一起。

图 5.3-8　综合服务楼实景
（图片来源：丘文三映摄影）

（7）食堂

食堂共有两处，结合南、北宿舍分别布置，其中一食堂位于图文信息中心西侧、学生宿舍区南侧、教学区北侧，处于整个校园适中的位置，主要入口设置于东、南、北侧，面向主要道路，方便学生从校园的各个区块到达。后勤以及货运出入口则设置于西侧，与主要人流分开，互不干扰。

食堂建筑设计采用现代主义风格，充分考虑实用与美观的结合，较为方正的体量充分保证了食堂空间的高利用率；立面采用真石漆与玻璃材质，以模数化尺度分割，并以楼梯、挑板、挑窗等丰富的形体变换表达虚实的对比结合，具有稳重务实又不乏想象力的人文内涵，建筑大气而又富有变化，简洁而不简单，并与整个校园风格取得统一（图 5.3-9）。

图 5.3-9　食堂实景
（图片来源：丘文三映摄影）

3. 绿化环境与景观打造

规划景观坚持“以人为本”的人性化设计原则，在创建有形校园的同时，积极营造无形的人文氛围。设计注重空间的层级化和仪式感（图 5.3-10）。大学主入口与图文信息中心之间形成礼仪空间。该空间是来访者进入校区首先接触的空间，是学校向人们展示其形象的窗口，这里的一草一木、一片水面或一座雕塑都能给来访者留下深刻的印象，广场上的高差变化，配以精心设计创作的主题雕塑作品，表达了常州大学的人文气质，同时形成以“交流、融合”为主题的第一庭院；通过楼与楼之间步行廊道的精心设计，外部交通空间与建筑内的交流空间互相渗透、互为补充，成为常州大学所独有的一处尺度宜人的交往场所，这是以“人与自然”为主题的第二庭院。此外，校园内规划保留了丰富的水系，河道中放养水生景观植物，东边的开阔水面结合校园主入口轴线布置，营造优美的自然景观环境，展现了温馨、典雅、和谐与现代化的花园学校的形象。

图 5.3-10　校园鸟瞰
（图片来源：丘文三映摄影）

项目信息

项目名称：常州大学新建工程项目

设计单位：浙江省建筑设计研究院有限公司

主持建筑师/项目主创：林峰、王小川

设计团队（方案设计 + 初步设计 + 施工图设计阶段）：林峰、王小川、董箫欢、鲍丽丽、徐海森、来敏（建筑）；李晓良、任涛、郑祺、杨秋红、蔡观峰、郜海波、李祥翔（结构）；王胜龙、姜玉娟（给水排水）；何海龙、郑国鑫（暖通）；童骁勇、何薇（电气）

项目位置：江苏常州

建筑面积：约 36 万 m^2

设计周期：2021 年 5 月—6 月

业　　主：常州大学

结　　构：框架结构

材　　料：真石漆、涂料、铝板、石材、面砖、玻璃

5.3.2 永康五金技师学院（在建）

永康五金技师学院新建项目位于永康市横一路以南、九鼎路以北、丽州北路以东，毗邻市职业技术学校（图 5.3-11、图 5.3-12）。项目总用地面积为 387600m^2，容积率小于 0.68，建筑密度不大于 30%，绿地率不小于 35%。

图 5.3-11　永康五金技师学院整体鸟瞰

（设计团队供图）

图 5.3-12　校园正南侧鸟瞰

（设计团队供图）

1. 设计理念与策略

新校园规划采用“两轴一中心”的整体布局，设计以纵贯南北的对称中轴为主轴线，南北广场结合图书信息中心构成核心区，在此基础上徐徐展开建筑群体。同时，以贯穿东西的轴线连接运动区、图书信息中心、生活区和部分教学实训区。

关于实训区的设置，设计提出“实训与教学相融合”的模式，将传统职业院校原本分离的实训区和教学区融入穿插在一起，形成一个融合的建筑单元（图 5.3-13）。

图 5.3-13　实训楼人视效果
（设计团队供图）

建筑造型突破以往职业院校过于简单与工厂化的风格局限，屋面采用深色四坡顶形式，立面以褐色面砖的墙面为主基调，底部结合浅色砂岩，以体现大气、沉稳的特色（图 5.3-14）。体育馆、游泳馆等公共性建筑，采用更为活跃的抽象化斜顶形式，体现典雅大气、现代简约的风格（图 5.3-15）。

在校园景观的营造方面，建筑师将大部分建筑沿地块外沿布置，从而在校园中心形成最大化的内部绿化景观。同时，充分引入东侧的自然水系形成水体景观，结合廊道、景墙、花坛、叠水等元素，将之自然贯穿主要的教学与生活的景观空间中，使人来到校园，便仿佛置身于园林之中，处处感受到绿意盎然的勃勃生机。

图 5.3-14　综合楼正入口透视效果
（设计团队供图）

图 5.3-15 从体育馆方向看校园
（设计团队供图）

2. 总平面功能布局

依据场地周边情况，设计遵循实训教学、生活和运动三大区域各自相对集中布局、动静分区的原则，将运动区（含主要运动场地、体艺中心）设置于地块西北部，很好地隔绝了城市道路对校园的干扰（图 5.3-16、图 5.3-17）。

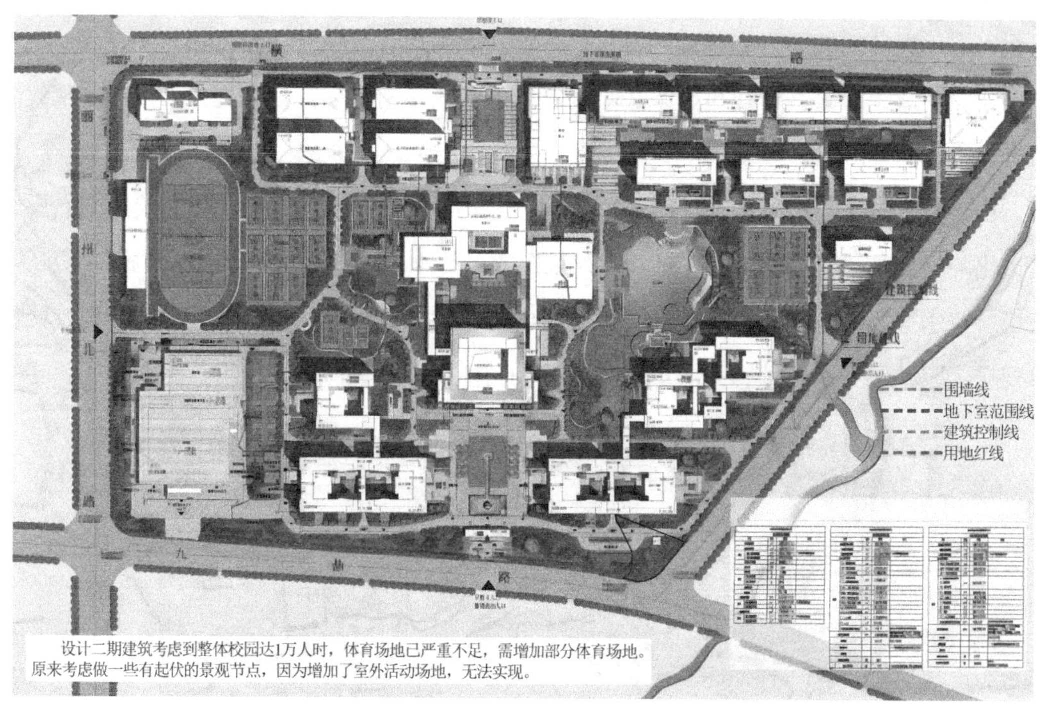

图 5.3-16 永康五金技师学院总平面示意图
（设计团队供图）

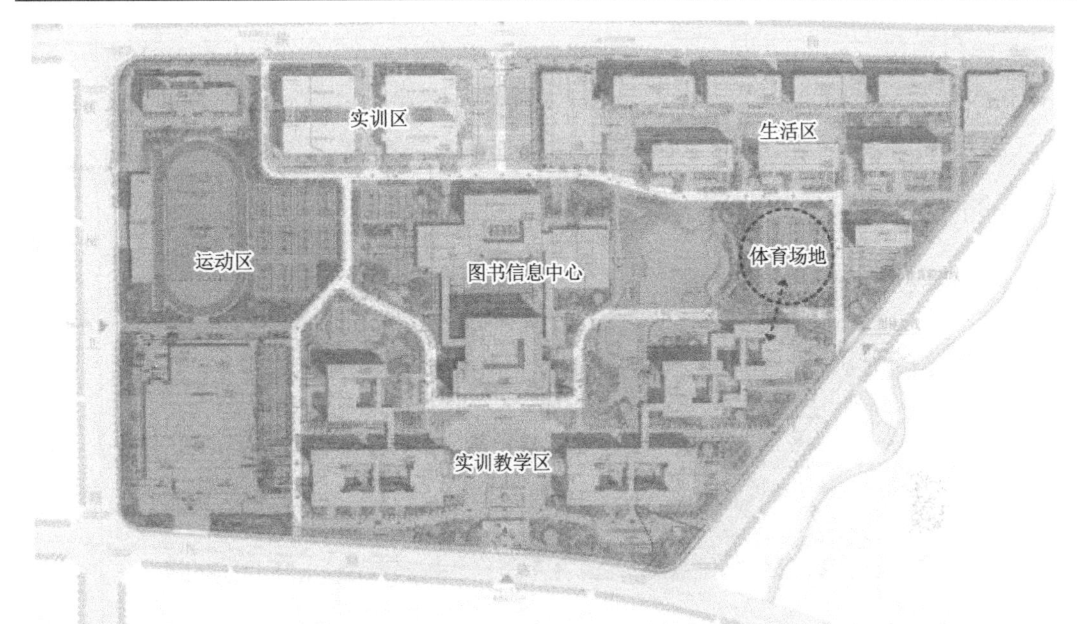

图 5.3-17　永康五金技师学院功能分区
（设计团队供图）

实训教学区主体作为核心功能区域，设于地块南部，并将相对干扰较大的培训与产学研基地设于东南部，在学校形象展示和功能使用等方面均较为合理。沿入口南北主轴自南向北依次设置校门、前区广场、图书信息中心、北区广场；东西主轴线的西侧为体育场、游泳馆、中心花园，东侧为中心水体与信息系实训楼；生活区（含学生宿舍、教师宿舍、活动中心、食堂等）设于相对安静的地块北部，东侧贴邻市政绿化。设计布局在尽量满足建筑单体取得最佳位置、朝向与内外部景观的同时，在周围城市道路沿街面形成了丰富的建筑形象（图 5.3-18）。

图 5.3-18　面向社会开放的实训楼透视效果
（设计团队供图）

3. 空间体系

各群组建筑空间设计均以半围合的形式为主，并将内部半围合庭院、错落有致的廊道和露台有效组织起来，形成一个立体的建筑空间体系（图 5.3-19）。宁静宜人、极具归属感的院落空间内充满阳光及绿意，为广大师生提供了极佳的室外学习实训场所。

图 5.3-19　学校东侧鸟瞰
（设计团队供图）

建筑南北间距开阔，半开放的内部庭院结合架空层、廊道以及平台，形成一组贯穿校园的交通和景观休闲系统。在此布局下，单体建筑均具有良好的采光与通风条件。

4. 交通组织

地面交通规划清晰合理（图 5.3-20），内部设置环行车道，主入口设在南侧，车流就近进入西侧地下车库。外部培训人员车辆可直接进入地下车库并到达培训楼，避免了对校园人流的干扰。校园前区广场为开放空间，就近设置地面停车场；非机动车则停放于教学楼与生活区架空层内。

5. 单体空间及平面功能

各单体平面方正、规则，经济性较好。室内空间的设计以温馨、细腻和人性化为基本要点，以保障创新型教学的开展为目标，营造多层次的室内空间。其中，各院系实训教学楼、图书信息中心及行政楼的中庭、回廊、露台空间是重点打造的室内空间景观节点，并与室外的景观系统无缝对接。

（1）图书信息中心及行政楼由位于组团南侧的图书信息中心和北侧的研究中心综合楼围合而成，位于场地的正中，是学校的核心建筑。建筑底层部分为非机动车停车区，西侧主要设荣誉展览厅等，东侧 1 层设置 1000 人会堂。图书信息中心 1 层、2 层主要设置门厅和办公室，3～9 层为阅览室；研究中心综合楼 1 层主要设置门厅、库房和非机动车库等，3～13 层为普通教室。

图书信息中心以打造面向全校师生的开放的、交流的、休闲的“学习公园”为目标，以简洁而有力的体块造型强化其作为学校核心建筑的标志性，在主轴上统领全局（图 5.3-21、图 5.3-22）。

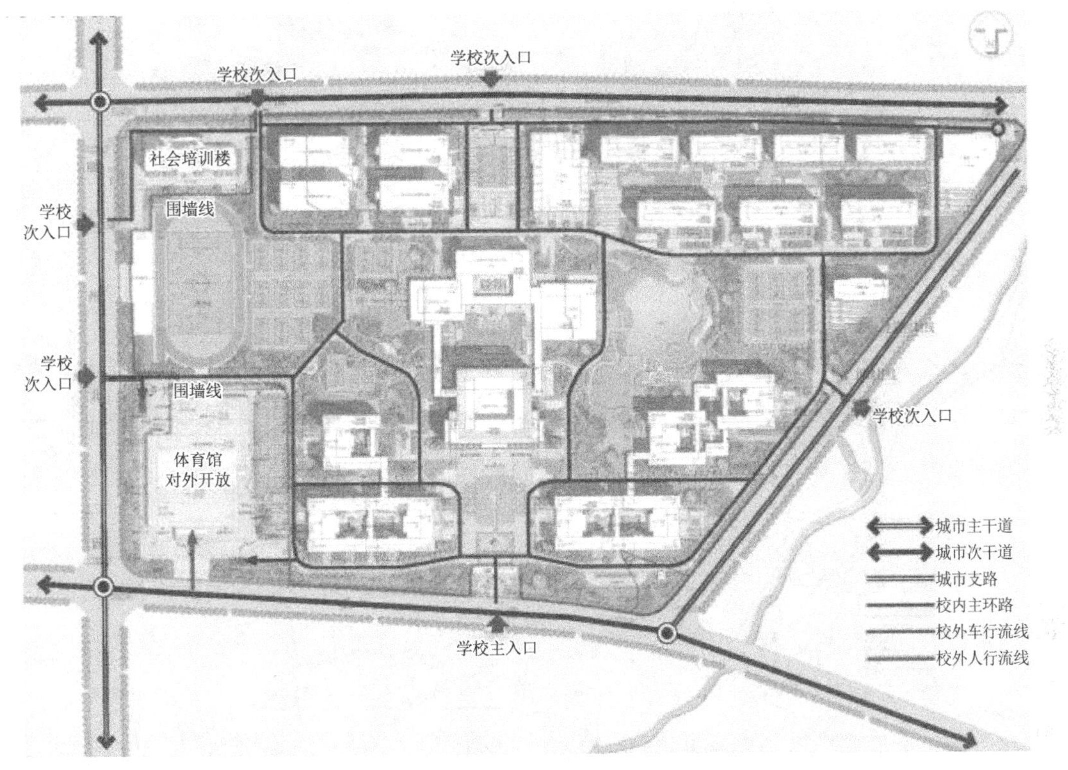

图 5.3-20　学校交通流线分析
（设计团队供图）

图 5.3-21　图书信息中心鸟瞰

图 5.3-22　图书信息中心透视
（设计团队供图）

（2）各系教学楼根据职业院校的特色，将教学功能与厂房实践紧密结合。通过院落式设计手法，将两个功能串联，并且采用矩形平面确保内部使用的高效率，也便于控制整体建筑密度，节约土地。在提供丰富的空间体验的同时，相似用途及同型的空间可以进行面积、用途的变更，体现出灵活性和可变性。

（3）智能制造系和电气自动化系实训楼位于校园的西北角，整体呈 U 形布局，东西向开口形成开敞式庭院布局，为全校师生及外来培训人员提供了一个环境优美的交流、休憩场所。功能布局上，智能制造系位于西侧，电气自动化系位于东侧，二者相对独立，互不干扰。建筑共 4 层，总建筑面积为 36650m^2，建筑高度约为 23m 和 21m，各功能区 1 层单独设置门厅，方便单独管理。该组建筑虽然内部功能相互独立，但在建筑形态上保持整体的统一性。建筑形体高低错落，立面极具现代感，通过不同材质的穿插组合，造就了独特的韵律感。

（4）体育馆和游泳馆位于教学区与生活区之间，既方便师生使用，又起到一定的隔离噪声的作用。建筑立面采用简洁、大方的竖向仿石涂料和条窗，结合玻璃体块的穿插，形成虚实对比，极富现代感和韵律感。空间形态上延续理性格网柱网的形式，并充分利用玻璃顶实现自然采光通风，大幅降低建筑能耗（图 5.3-23）。

图 5.3-23　体育馆正立面透视
（设计团队供图）

看台位于田径场西侧，东西宽 15m，南北长 108m，计划容纳 1210 人，可供学生日常体育锻炼及举行全校规模的运动会。在满足看台使用功能的情况下，建筑师充分开发看台的下部空间，利用其设置器材室、健身房、卫生间等辅助功能空间，并在看台设计时进行了多角度的视线分析，确保观众获得良好的观看体验。

6. 建筑形态

学校建筑整体造型追求“厚重现代、质朴大气、细腻灵动”的效果，色调上以典雅的砖红与米黄为主，即以红色面砖、米黄色仿石涂料为主材，辅以少量的铝合金格栅，整体气质儒雅、细腻又不失现代感，同时具有优良的经济性和可实施性（图 5.3-24）。外立面柱廊与楼梯、踏步、平台体块穿插结合，以其宜人的尺度成为建筑与室外空间之间的过渡空间。设计在延续传统文脉的同时，充分体现了教育建筑的时代性，将人文情怀有机地融入学校整体语境，营造出浓郁的校园文化氛围。

图 5.3-24　生活区一期、二期食堂效果
（图片为作者方案阶段原创设计效果）

项目信息

项目名称：永康五金技师学院新建项目

设计单位：浙江省建筑设计研究院有限公司

主持建筑师/项目主创：曾庆路

设计团队（方案设计 + 初步设计 + 施工图设计阶段）：曾庆路、鲍丽丽、来敏、徐海森、吕立锋、吴政轩（建筑）；李晓良、任涛、郑祺、杨秋红、蔡观峰、郜海波、李祥翔（结构）；王胜龙、李琦（给水排水）；何丽、郑国鑫（暖通）；童骁勇、何薇（电气）

项目位置：浙江金华永康

建筑面积：约 48 万 m^2

设计周期：2019 年 7 月至今

业　　主：永康市社发建设有限公司

结　　构：框架结构

材　　料：真石漆、涂料、铝板、面砖、玻璃

5.3.3 衢州职业技术学院（方案）

项目位于衢州市智慧新城，规划用地面积约 57.3 万 m^2，总建筑面积约 36 万 m^2。整个校区分为东、西两个片区，主要包括公共教学组团、院系实训组团、生活服务组团及运动文化公园等（图 5.3-25）。

图 5.3-25　衢州职业技术学院整体鸟瞰
（图片为作者方案阶段原创设计效果）

1. 主轴引领，环带联通

东西向礼仪主轴以东入口礼仪广场为起点，两侧布局公共教学组团与体育运动用房组团，遒劲有力，尺度适宜，形成大气简洁的主入口形象（图 5.3-26）。主轴的核心聚焦于图书馆，成为校园东入口主轴的视觉焦点，造型虚实结合，方正大气。通过上跨黄山大道的人行天桥，东西主轴延伸至西侧的国际交流中心和大学生活动中心。

图 5.3-26　学院入口半鸟瞰
（图片为作者方案阶段原创设计效果）

南北向景观活力带以北入口广场为起点，引入丰收湖水系作为中央水系，一带联通，蓝绿交融，贯穿校园南北，串联起实训中心、行政综合楼、图书馆等众多与师生们校园生活息息相关的建筑，塑造层次丰富、活力开放的校园公共空间。在轴线尽端预留部分发展用地，可进一步提升学院未来的产教融合水平，与城市共同发展（图 5.3-27）。

图 5.3-27　体育公园方向鸟瞰
（图片为作者方案阶段原创设计效果）

2. 五区融合，多线延展

新校区包含五大功能区，分别为院所实训区、核心教学区、生活服务区、体育运动区和产教融合区。规划以核心区标志性建筑，即图书馆及行政综合楼为中心，散发出多条轴线，进而连接东、西、北出入口并贯穿五大功能区。整体规划布局紧凑，景观活力带贯穿南北，城市绿廊依傍在侧，相连成片，形成生机盎然、充满校园活力的景观绿化空间（图 5.3-28）。

图 5.3-28　中心湖效果
（图片为作者方案阶段原创设计效果）

3. 城校融合，共生共享

产教融合中心沿校园北侧外围布局，与城市连接紧密，促进校园与产业、城市融合发展。东南侧为开放运动区，沿城市绿廊设置，场馆和文体设施将对社会开放，是学校师生与市民共享的运动文化场所。

设计在整个校园外部空间充分营造良好的步行环境，通过连续的林荫大道、架空连桥、滨水步道等，连接不同活动场景。连续多样的步行通道及尺度宜人的院落空间带给师生充满生机、光影交融的学习生活体验（图 5.3-29）。通过提供正式与非正式交流场所，以及营造功能复合的学术聚落，最终构建与城市资源共享的、可持续发展的全时活力校园社区。

图 5.3-29　内部步行空间
（图片为作者方案阶段原创设计效果）

建筑造型以现代主义风格为主，营造出理性浪漫和严谨稳重的学校氛围，抽象提炼的坡屋顶元素体现了职业院校简洁大方、实用高效的特点（图 5.3-30）。北面临闽江大道建筑立面高低错落，大气开合，鲜明有序，使职业院校的理性与人文的浪漫共生交融，同时塑造了优美的城市界面。

图 5.3-30　入口广场效果
（图片为作者方案阶段原创设计效果）

校园依山水得灵气，景观营造上遵循中国传统营园智慧，引长水入园，借远山之势，构筑校园内独有的山林景观（图 5.3-31），山水格局在起承转合间形成主次明确、经纬交织的诗画生态体系。

图 5.3-31　沿湖建筑景观
（图片为作者方案阶段原创设计效果）

项目信息

项目名称：衢州职业技术学院项目

设计单位：浙江省建筑设计研究院有限公司

主持建筑师/项目主创：来敏

设计团队（方案设计阶段）：来敏、曾庆路、吴政轩、平维桢、宋雨（建筑）

项目位置：浙江衢州

建筑面积：约 36 万 m^2

设计周期：2022 年 5 月至今

业　　主：衢州职业技术学院

结　　构：框架结构

材　　料：真石漆、涂料、GRC 板、石材、玻璃

5.3.4 衢州市技师学院（方案）

项目选址为衢州浮石北片区，用地西侧为浮石北路，北侧为北环路靠近杭金衢高速，用地南侧为北山塘路，用地西侧为江北大道，用地规模约 33.3 万 m^2，总建筑面积约 30 万m^2（图 5.3-32）。上位规划中有一条城市绿谷从用地东侧自北向南穿过。

图 5.3-32　两院（衢州市技师学院、衢州职业技术学院）共建整体效果
（图片为作者方案阶段原创设计效果）

项目总体规划需结合城市绿谷规划，整体考虑衢州职业技术学院和衢州市技师学院进行，彼此无法割裂。为了确保两个学校风格既各自独立，特色鲜明，又互为整体，不能分

割，规划在两个学校中间位置设置体育运动文化公园，不仅可让两个学校共享，也可以与城市共享。同时，在该共享区域布置体育运动场馆、社会培训接待用的国际交流中心、产创融合大楼，功能布局清晰，既不会对学校教学区形成干扰，又方便对外共享联系（图 5.3-33）。

图 5.3-33　从衢州市技师学院看两院共建整体效果
（图片为作者方案阶段原创设计效果）

学校内的南北礼仪轴线以及东西景观活力轴线结构明晰，中心标志性建筑形象突出且不突破规划控高。用地原有斜向水系对布局影响比较大，在规划布局时对其进行调整，整个水系环绕校园而过，生活区和教学区沿水系景观布置，环境优美。考虑到后期维护成本和实际情况，整个学校景观水系布置保持克制，起到了画龙点睛的作用。

用地东侧布置宿舍，独立成区，与其他功能区块互不干扰（图 5.3-34）。体育运动区布置在用地西北侧，与西侧共享区内的体育运动场地共同组成对城市开放的体育文化公园。南北、东西两条轴线的中心位置布置学校综合楼，打造学校的标志性建筑。

图 5.3-34　生活区鸟瞰
（图片为作者方案阶段原创设计效果）

学校在北侧出口两侧规划预留一片完整的二期发展用地，并且该预留建设区考虑了日后建设高度的可拓展性和对外联系的便利性。

项目信息

项目名称：衢州市技师学院项目

设计单位：浙江省建筑设计研究院有限公司

主持建筑师/项目主创：来敏

设计团队（方案设计阶段）：来敏、曾庆路、吴政轩、平维桢、宋雨（建筑）

项目位置：浙江衢州

建筑面积：约 33 万 m^2

设计周期：2023 年 4 月至今

业　　主：衢州市城市建设投资发展有限公司

结　　构：框架结构

材　　料：真石漆、涂料、GRC 板、石材、玻璃

5.4 其他类学校

5.4.1 中共泰顺县委党校（建成）

中共泰顺县委党校新址面向新城大道，用地内地形高差较大，东侧及南侧皆为自然山体，场地内自然景观条件优越。总用地面积为 33312m^2，建筑占地面积为 6294m^2，总建筑面积为 21879m^2（图 5.4-1）。

图 5.4-1　中共泰顺县委党校建成实景与方案效果对比
（上图为竣工后作者拍摄，下图为作者方案阶段原创设计效果）

1. 设计理念

通过对红色殿堂、红色基因与红色廊桥等元素的提炼，将泰顺县委党校的主色调定位为红色，全力打造山区党校建设样板（图 5.4-2）。

图 5.4-2　党校实景
（图片来源：作者拍摄）

2. 总体布局

建筑总体布局的设计思考主要来自以下三个方面。

（1）通过充分研究场地原始山地形态的标高走势，规划设计整个党校校园空间布局，使其与山地环境相契合，尽可能减少填、挖方量。

（2）依托山形地势，结合党校自身形象，整体规划选择面向新城大道、沿中轴线展开、层层升高的布局方式（图 5.4-3）。

图 5.4-3　党校层层升高，与山地走势相契合
（图片来源：作者拍摄）

（3）根据任务书要求，项目建设采用“一次规划、二次建设”的原则，总体布局时考虑一期、二期项目单体的分割，从而保证一期项目对外投入使用后，二期项目实施时不会对一期项目的正常教学秩序产生影响。

基于以上几点思考，建筑师采用了“一山二轴三区”的规划理念，即总体规划体现党校与普通高校的差异性，以建设泰顺特色的山区地貌党校为目标，最大限度地利用现有场地内山体作为校园造景有利元素，通过“一山二轴三区”来组织设计（图 5.4-4）。“一山”为用地内原有生态山体；“两轴”分别为校区南北轴线形成的综合楼、教学楼、宿舍楼中轴，以及西校门形成的门厅、教学楼、食堂中轴；“三区”分别为校内的教学办公区、生活服务区和运动健身区。项目尊重环境、尊重自然，参考泰顺当地的民居依山而建的布局特点，利用地块内的山体，将综合楼、教学楼、宿舍楼三个建筑自北向南依次升高布置，给人一种严谨感和秩序感。同时，党校总体布局充分考虑与城市主要道路新城大道的关系，体育馆、综合楼和报告厅围合形成入口广场，与西北侧的绿化景观停车场相结合，面向城市形成一个开放、大气的城市界面。

图 5.4-4　党校东南向人视和鸟瞰实景
（图片来源：作者拍摄）

3. 交通流线设计

党校形象主出入口设在正北侧新城大道处，机动车出入口设在场地西侧，生活区出入口设在场地东侧，靠近食堂后勤生活区。整个党校车行系统结合用地形态，在场地南侧生活区和综合教学区之间设置一条车行道路，连接用地东西侧出入口；架空层车库出入口则结合车行道路设置。从校园北侧形象出入口通过前广场到综合楼及教学楼的校园内部道路为景观步行道路，学校北侧的正气前广场与南侧楼宇之间的山地庭院相组合，一步一景，步移景异，彻底做到了整个校园的人车分流。同时，在紧急情况下，校园内部道路可作为消防应急车道使用。

4. 总体功能分区

学校功能主要分为教学办公区、生活服务区和运动健身区，在综合分析场地的各种控制性要素后，设计决定将教学办公区结合主入口广场，面向新城大道设置。生活服务区的宿舍布置在用地南侧，与教学办公区通过景观通廊分开，在保证宿舍私密性的同时，也方便外来学员的直接到达。食堂布置在靠近东侧后勤出入口处，位于用地的中部，从综合楼、教学楼和宿舍楼均可方便到达。

5. 建筑单体设计

建筑师通过对原始场地形态进行深入、细致的研究和推敲，结合对当地传统坡屋顶建筑元素的抽象提炼，新建建筑既具有现代感，又不失当地传统建筑的韵味（图 5.4-5）。在材质的选用上，一方面，考虑到党校建筑的特殊性；另一方面，比较了各种现代和传统材料的经济性之后，建筑立面设计决定首层墙裙采用干挂泰山石，主体墙身选用红色面砖贴面，顶层选用弹性涂料，屋顶为水泥瓦。

平面布局上，综合楼和教学楼均采用单廊式平面组合，在获得良好采光通风的同时，这些外廊可以起到很好的热缓冲作用，在夏季隔绝热量，在冬季则延缓室内热量的散发。同时两栋建筑的外廊彼此之间视线通透，最大限度地将周边绿色自然环境引入建筑，丰富学员们的视觉感受。整体而言，党校的单体造型设计通过对传统元素的提取简化，创造了一个具有现代感、能够展现党校人文气息并且和周边自然山体环境相融合的建筑形象。

图 5.4-5　党校内部庭院景观
（图片来源：作者拍摄）

项目信息

项目名称：中共泰顺县委党校迁建工程

设计单位：浙江省建筑设计研究院有限公司

主持建筑师/项目主创：来敏

设计团队（方案设计＋扩初设计＋施工图设计阶段）：来敏、林峰、宋雨（建筑）

项目位置：浙江温州泰顺

建筑面积：21879m^2

设计周期：2017 年 6 月—2018 年 3 月

业　　主：中共泰顺县委党校

结　　构：框架结构

材　　料：真石漆、石材、面砖、玻璃

5.4.2　安吉“两山”讲习所（建成）

项目位于湖州市安吉县余村，是习近平总书记“两山”理论的发源地。根据浙江省委、湖州市委要求贯彻“争当践行两山重要思想样板地、模范生”的指示精神，为大力弘扬“两山”理论和宣讲传承“两山”精神和实践范例，特打造“两山”讲习所（图 5.4-6）。

图 5.4-6　建筑融于山体走势之中
（朱周胤供图）

讲习所内动静分区清晰，整体规划构架可以概括为“一轴、两区、多院”。一轴指贯穿南北的空间轴线；两区包含教学区、生活区；多院指建筑之间各具特色的院落空间。考虑到讲习所自身庄严、稳重的特质，总图布置采取了正南北向的排布手法，结合山地走向，随山就势；教学区采用主教学楼居中、综合楼与报告厅分置两侧的三边围合式的布置手法，在北、东、南三面形成半包围庭院，面向群山打开景观面。生活服务区内，宿舍楼沿用地南北向依次展开，在享受到最佳景观朝向的同时获得最多的日照时间。食堂设置在地块的东面，与宿舍楼围合成院落，学校东面的次出入口可以作为食堂后勤出入口，同时便于长期培训的学员乘大巴直接到达生活区。

在空间营造上，本着“重生态、重交流、重体验”的设计理念，将建筑架离地面（图 5.4-7），保留地面现状植被，利用架空坡道、庭院、景观平台等作为基本元素，形成立体交叉的室内外空间体系，打造“全维度共享校园”。

图 5.4-7　建筑形体架空处理
（朱周胤供图）

在完整考虑党校建筑使用功能的同时，为弘扬“两山”文化特色，设计将贯穿整个场地的风雨连廊打造为宣传廊，同时结合不同的院落、平台、过渡空间等，为学员提供可开放、易交流的共享空间（图 5.4-8）。

图 5.4-8　内部庭院建筑景观效果
（朱周胤供图）

建筑整体造型方面，在考虑党校建筑自身特点的同时，融入了安吉的地域特色。不同于普通学校建筑，党校建筑更讲究庄重、大气。本次设计对建筑立面采用沉稳的基调表达，在此基础上，通过局部的粉墙黛瓦与安吉传统建筑风格形成呼应。屋面造型是本次设计的一大特色，通过对传统元素进行抽象提取、变形，生成现有的屋顶形式，既符合党校建筑庄严大气的特质，又富有创新性并反映地域文化，向南倾斜的屋面同时可以作为太阳能光伏板的安装平台。建筑立面选用本地丰富的竹木材料作为装饰，在体现建筑庄严气质的同时，展示出温润的亲切感。

项目信息

项目名称：安吉“两山”讲习所项目

设计单位：浙江省建筑设计研究院有限公司

主持建筑师/项目主创：许世文、朱周胤

设计团队（方案设计＋扩初设计＋施工图设计）：朱周胤、张智运、吕昊、赵逸龙（建筑）；周永明、徐伟斌、高超、黄宇劼、戚亚珍（结构）；王凌燕、张展榕（给水排水）；俞仁贵、刘可以、金涛（暖通）；洪伟、俞科迈、吴边（电气）

项目位置：浙江湖州安吉

建筑面积：约 2.2 万 m^2

设计周期：2018 年 6 月—2019 年 3 月

业　　主：安吉两山创旅实业投资有限公司

结　　构：框架结构

材　　料：真石漆、石材、面砖、玻璃

5.4.3 青田县华侨技工学校（方案、初步设计）

青田县华侨技工学校位于青田县温溪镇，安定西路以西、温中西路以北。场地总用地面积为 103157m^2，建筑占地面积为 24789m^2，总建筑面积为 147089m^2，其中地上 129246m^2，地下 17843m^2（图 5.4-9）。

图 5.4-9　青田县华侨技工学校鸟瞰
（图片为作者方案阶段原创设计效果）

1.“两轴一心”的整体布局

项目用地形态呈较不规则的多边形，是本次整体规划的难点之一。结合场地现状，设计通过两条轴线组织校区内不同功能的建筑，在形成校园核心区域的同时，保证学校各个面向城市的界面都有其独立、完整的形象（图 5.4-10）。在双轴交会处打造的共享中央景观空间，视觉上形成一个有机景观核心，实现了自然与人文的交融互动。在功能分区上，结合项目地形特点和周边情况，遵循教学、生活和运动区域各自相对集中并考虑动静分区的原则，设计在用地西侧设置教学实训区域，两条轴线中心处设置行政综合区域，用地东侧则为生活及运动区域（图 5.4-11）。

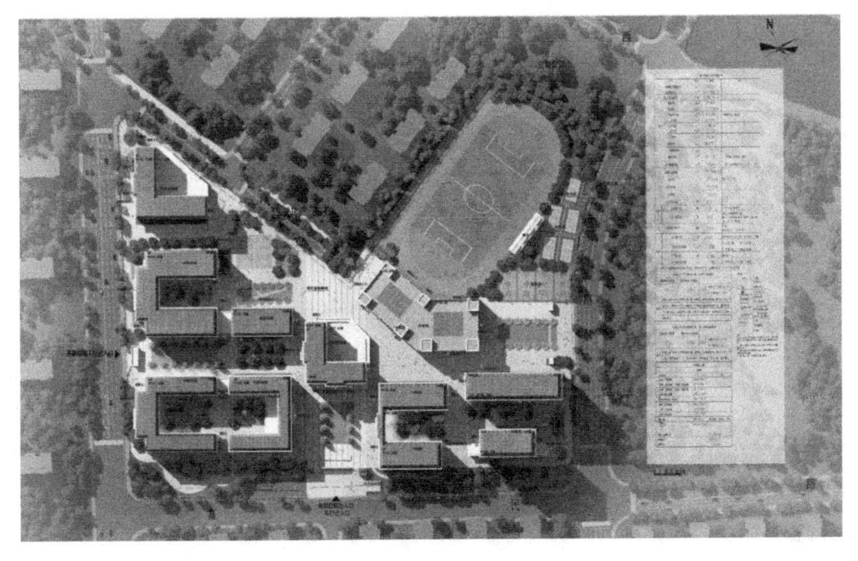

图 5.4-10　学校总平面布置
（图片为作者方案阶段原创设计效果）

图 5.4-11 学校西侧鸟瞰
（图片为作者方案阶段原创设计效果）

通过南北、东西两条轴线组织校园建筑空间及景观环境，整体空间布局疏密有致。各分区建筑空间设计均以半围合形式出现，庭院空间与错落有致的廊道、露台空间有效组织起来，形成一个立体、丰富的建筑空间体系。半开放的内部庭院设置了大量的架空区域，结合各组建筑之间的廊道平台，形成贯穿校园的立体交通和景观休闲系统，确保教学实训场所充满阳光和绿色。

2. 校园空间营造

校园设计围绕“匠心筑梦”文化内核，凸显技工学校培养大国工匠、能工巧匠的办学定位，产教融合的办学特色，以及以人为本的办学理念。建筑风格和景观设计结合青田侨乡特色，展示青田元素、青田文化。在空间设计上，打造仪式感的广场、轴线空间及参观动线，并通过设置连廊空间、院落、架空活动（灰）空间，进行多层次的空间营造（图 5.4-12、图 5.4-13）。

此外，通过整合场地现有的景观资源，同时借景场地外的山形水势，设计在校园中心区域集中打造了一个景观核心，该核心可将周边山水景观引入校园，结合廊道、景墙、花坛、叠水等元素，将之自然贯穿于校园景观空间中，处处彰显自然的勃勃生机。

图 5.4-12 学校西侧人视效果
（图片为作者方案阶段原创设计效果）

图 5.4-13　沿街立面形象
（图片为作者方案阶段原创设计效果）

3. 交通规划组织

地面交通规划清晰合理。综合场地和校园各方面因素，同时考虑到未来产融创业独立运营的可能性，以及为校园车行道路在外围形成环道预留条件，设计在场地四个方向均设置了校园出入口。其中西侧和南侧设置学校主要出入口，车行出入口在南侧和北侧设置，车流进入校园后可直接下地下车库，避免了对校园教学区域的干扰，保证了学生安全的校园步行空间。东侧靠近生活区和运动区设有生活后勤的主要出入口，以减少对校园教学环境的影响。产创培训人员可通过北侧独立出入口进出，便于产融创业区域的独立运营管理。非机动车停放于教学楼与生活区架空层内。

4. 外形特点

鉴于青田为浙江省著名的侨乡之都，因此在建筑造型上将欧式建筑风格元素融入校园（图 5.4-14），结合多个广场和绿地，打造街区式校园。建筑立面造型以新古典主义风格为基调，追求典雅气质；主体采用经典的三段式立面分割，基座、墙身与墙顶分割比例协调，端庄大气。立面材质采用大理石白墙灰瓦，凸显学校大气、沉稳的气质。

图 5.4-14　体育馆外立面
（图片为作者方案阶段原创设计效果）

项目信息

项目名称：青田县华侨技工学校项目

设计单位：浙江省建筑设计研究院有限公司

主持建筑师/项目主创：来敏

设计团队（方案设计 + 初步设计）：来敏、宋雨、吴政轩、平维桢（建筑）；李晓良、任涛、郑祺、杨秋红、蔡观峰、郜海波、李祥翔（结构）；王胜龙、李琦（给水排水）；叶鹏、郑国鑫（暖通）；童骁勇、何薇（电气）

项目位置：浙江丽水青田

建筑面积：147089m^2

设计周期：2023 年 1 月至今

业　　主：青田兴达教育发展投资有限公司

结　　构：框架结构

材　　料：真石漆、GRC 板、玻璃

参考文献

[1] 赵虎, 李志民. 我国当代幼儿园建筑设计发展历程解析[J]. 城市建筑, 2017(6): 115-117.

[2] 王玮, 王喆. 参与式幼儿园空间营造设计框架与实践——基于儿童权利、能力和发展的视角[J]. 学前教育研究, 2016(1): 9-16.

[3] 邵婷婷, 吴玲. 幼教发展需要“加”“减”并施——也谈“双减”政策背景下的幼儿教育改革[J]. 现代教育科学, 2023(1): 43-46.

[4] 田春. 成长取向的儿童教育[D]. 南京: 南京师范大学, 2008.

[5] 沈彬. 幼儿园建筑的游戏空间设计研究——在游戏中成长[J]. 华中建筑, 2013, 31(2): 28-32.

[6] 于宏立. 中小学素质教育与学生个性发展探析——评《中小学素质教育与学生发展状况研究》[J]. 中国教育学刊, 2021(8): 124.

[7] 张炜. 素质教育的理论创新与实践探索——中国高等教育学会40年的不懈努力与作用发挥[J]. 中国高教研究, 2023(8): 13-18.

[8] 祝宇. 素质教育四十年溯源与探究[J]. 中小学校长, 2023(8): 14-18.

[9] 聂志勇, 敖鲲. 交往空间、地域特色与人性化在当代中小学校园规划与建筑设计中的探索和实践[J]. 建筑与文化, 2019(6): 169-170.

[10] 陈慧玲. 基于素质教育背景下的中小学建筑设计探究[J]. 江西建材, 2020(11): 42-43.

[11] 周远清. 素质·素质教育·文化素质教育——关于高等教育思想观念改革的再思考[J]. 中国高等教育, 2000(8): 3-5, 30.

[12] 瞿振元. 素质教育要再出发[J]. 中国高教研究, 2017(4): 26-29, 36.

[13] 张奕. 中小学校园规划与建筑设计研究——以南京外语学校方山分校为例[J]. 城市建筑, 2020(27): 70-73.

[14] 龚甜甜. 浅析新时代中小学建筑设计的要点[J]. 门窗, 2019(16): 124-126.

[15] 孙阳. 中小学校园规划和建筑设计的探索与思考[J]. 住宅与房地产, 2020(9): 76-77.

[16] 张志旭, 康信聪, 张家银, 等. 大学生素质教育与人才培养模式研究[J]. 高教学刊, 2022, 8(13): 149-152.

[17] 郑宽明, 黄新民, 王立新. 大学生素质教育概论[M]. 4版. 北京: 科学出版社, 2020.

[18] 江立敏, 潘朝辉, 王涤非. 何为世界一流大学——基于校园规划与设计视角的思考[J]. 当代建筑, 2020(7): 14-18.

[19] 林齐. 大学校园规划与建筑设计研究初探[J]. 建筑与文化, 2015(12): 180-181.

[20] 王扬, 窦建奇. 当代大学校园规划理念与设计策略[J]. 华中建筑, 2010, 28(12): 69-73.

[21] 石峻垚, 蔡慧. 高等职业教育院校建筑设计——以美国社区大学设计为例[J]. 城市建筑, 2018(8): 96-99.

AFTERWARD 后记

本书以全龄段教育建筑为主题，以指导院校学生和广大设计从业者进行方案创作为目标。在撰写过程中，笔者深入研究和借鉴了国内外先进的教育及设计相关理论，力求在全龄段教育建筑设计中融入以学生为本、以素质教育为中心的理念，在总体布局、平面设计、造型设计等环节总结相关设计要点，并辅以实际案例佐证，旨在建立一整套先进的全龄段教育建筑设计方法论，进而帮助广大从业者在实践中能够更好地创造充满活力、激发创新和促进成长的教育空间，提升学生的学习兴趣和综合素质，助力学生的健康成长。本书中绝大多数案例皆出自笔者参与创作或主持的工程项目。有了这些实际案例参考，有助于读者更加直观地理解在全龄段教育建筑设计过程中需要思考的方方面面。

本书的撰写尽可能采用深入浅出、通俗易懂且符合设计逻辑的方式展开，但笔者以为，建筑设计毕竟是一项创造性的工作，即便通过缜密的逻辑思考，最后得出的建筑设计方案也不是唯一的，建筑师要做的是尽可能让自己最后呈现的建筑作品能够真正为学生服务，满足其核心诉求，而不是片面追求所谓的标准答案。对于建筑学者或者建筑设计从业者来说，对建筑设计的理解和感悟是一个需要不断积累的过程，每个人在工作、学习和生活中所经历的不同，都会对其设计创作产生不同的影响，例如库哈斯和卒姆托，两位建筑大师所设计的建筑风格差异之大，很难说不是他们对世界事物思考的不同，抑或是人生经历的不同所造成的结果。笔者希望通过本书能够让读者掌握基本的设计价值观及设计思考方法逻辑，并在实践中不断淬炼，形成属于自己的独特设计风格并创作出多样的、跨时代的优秀建筑作品。

最后，笔者要感谢所有参与本书编撰的人员，包括各位教育专家、领导、教师、学生等，以及建筑设计师及工程师们，感谢他们提供的专业知识和宝贵意见。正是大家的共同努力，才使本书得以顺利完成。我们相信，本书将会在未来的全龄段教育建筑设计实践中发挥重要作用，为培养更多的优秀人才做出贡献。